MIXTO
Papel procedente de fuentes responsables
Paper from responsible sources
FSC® C105338
FSC
www.fsc.org

LINO GARCÍA MORALES

INTRODUCCIÓN AL AUDIO DIGITAL

BOOKS ON DEMAND

Edición e impresión por BoD – Books on Demand info@bod.com.es – www.bod.com.es Impreso en Alemania – Printed in Germany

ISBN: 978-8-4132-6709-8

LA ARQUITECTURA ES UNA MÚSICA DE PIEDRAS; Y LA MÚSICA, UNA ARQUITECTURA DE SONIDOS

LUDWIG VAN BEETHOVEN

NUESTRO ALFABETO MUSICAL ES POBRE E ILÓGICO. LA MÚSICA, QUE DEBE PALPITAR CON LA VIDA, NECESITA NUEVOS MEDIOS DE EXPRESIÓN, Y SÓLO LA CIENCIA PUEDE INFUNDIRLE UN VIGOR JUVENIL

EDGAR VARÈSE

LA GENTE QUE INTENTA CREAR UNA REVOLUCIÓN MUSICAL NO TIENE OPORTUNIDAD, PERO AQUELLOS QUE LE DAN LA ESPALDA A LA MÚSICA A VECES LA ENCUENTRAN

PIERRE SCHAEFFER

A Hugo, Héctor y Viki.

Índice general

Sonido, Señal, Audio

Seguramente todos tenemos alguna idea de lo que es el *sonido*; también de la *música*. La música suena. Pero ¿qué es realmente el sonido? En busca de la respuesta a esta interrogación es conveniente que se haga la siguiente pregunta: *¿producen sonido las hojas de un árbol que caen, cuando no hay nadie para escucharlo?* La respuesta es no. El sonido no ocurre en la realidad, sino en la mente humana. Lo que se entiende por sonido es el efecto perceptual que se produce en el cerebro debido a una causa física. El sonido solo existe en la mente.

Lo que se entiende por color tampoco existe. La luz existe. Es real. Se puede medir, pero el color no es luz. El color, como el sonido, solo existe en nuestro cerebro.

Las hojas que caen producen vibraciones en el aire pero estas solo se convierten en sonido sí y solamente sí, se relacionan con un oído (que habitualmente se descompone en tres) y un sistema nervioso auditivo; es decir, con el sistema perceptual auditivo. Es un problema puramente perceptual.

La realización del sonido necesita de tres elementos: *fuente*, *medio* y *receptor*. La fuente perturba al medio, inyecta energía acústica. El medio propaga esta energía. Finalmente el receptor la convierte en signo; en sonido.

También es posible hablar de productor, medio, consumidor; aunque estos términos están más relacionados con el fenómeno de la *comunicación*.

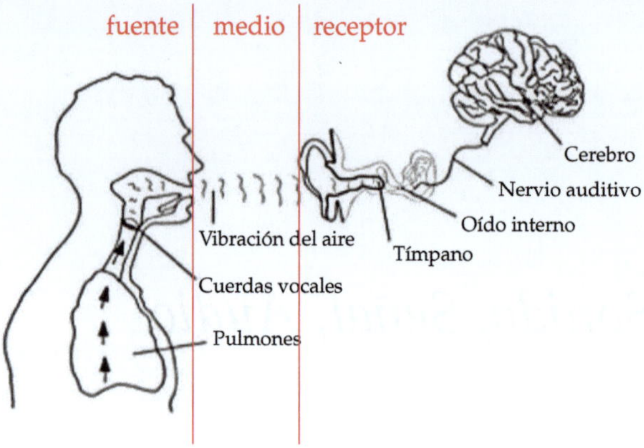

Figura 1: Percepción del sonido: *fuente* (en este caso aparato fonador humano), *medio* (aire) y *receptor* (aparato perceptual auditivo).

Es la vibración de las cuerdas vocales la que imprime la frecuencia principal de oscilación (frecuencia fundamental) y la cavidad oral y nasal, que actúan como *resonador*, el "color" (timbre).

Cuando alguien habla o canta, la fuente es el sistema fonador humano: el aire que sale de los pulmones hace vibrar las cuerdas vocales, rebota en la cavidad bucal y sale al exterior, al medio. El medio, en este caso, es el aire pero el sonido también se transmite en líquidos y sólidos. El receptor es el sistema perceptual auditivo. De manera muy simplificada, el aire penetra por el canal auditivo del *oído externo*, hace vibrar al tímpano, estas oscilaciones se trasmiten a través del *oído medio* mediante la vibración mecánica de un conjunto de huesesillos: yunque, martillo, estribo y este movimiento finalmente excita al *oído interno*: el último transductor que convierte este flujo mecánico en un conjunto de excitaciones nerviosas en el sistema nervioso auditivo. Por último, el cerebro convierte el conjunto de millones de excitaciones nerviosas en la imagen que conocemos por sonido.

Como onda que es cumple con las leyes de la reflexión, refracción y difracción; se puede medir.

El sonido se propaga a través de un medio de la misma manera que se propagan las ondas en el agua cuando es perturbada: en todas las direcciones, e interactúa con los obstáculos que encuentra en su camino como una onda. El agua no se traslada; solo oscila en todas direcciones (aunque parezca que solo lo hace en dirección vertical).

La propagación del sonido involucra transporte de energía sin transporte de materia, en forma de ondas mecánicas que se propagan a través de un medio elástico sólido, líquido o gaseoso. La propagación, independientemente del medio, se produce en todas direcciones alternando zonas de compresión (máxima presión) y zonas de rarefracción (mínima presión). Estos desplazamientos son continuos, no discretos.

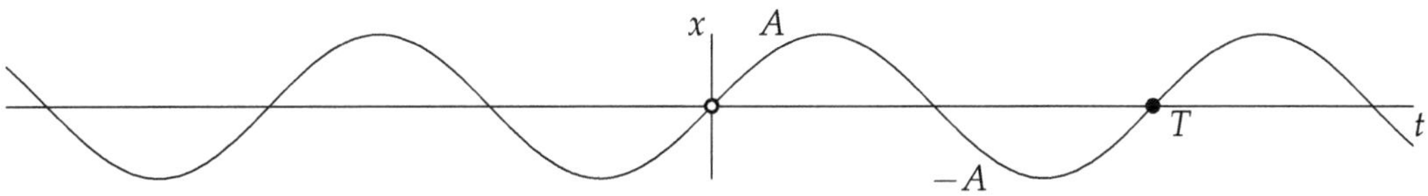

Figura 2: Representación de un período de una onda senoidal $x(t) = A \sin \varphi$, donde A representa la amplitud y φ la fase; a su vez, la fase $\varphi = \omega t + \phi$. ω es la frecuencia angular (en radianes por segundo), t el tiempo y ϕ la fase inicial. El sonido formado por este patrón de repetición es el más simple de todos los sonidos.

Si se representase el desplazamiento de un conjunto de moléculas de aire en el espacio, en una sola dirección, respecto al tiempo, cuando un diapasón de horquilla excita al medio, se obtendría algo similar a lo que representa la Figura 2. El punto blanco representa la posición en el instante inicial y el punto negro la posición en el instante en que ha realizado un ciclo de compresión y un ciclo rarefracción completo; es decir, un *ciclo*. El tiempo que transcurre entre ambos se denomina *período*, T.

La posición de equilibrio $x = 0$ corresponde, en este caso, a la presión atmosférica; por lo tanto, los valores de x son relativos a esta posición. En este ejemplo, la fase inicial (punto blanco, $t = 0$) corresponde a $\varphi = 0$ y la fase final (punto negro, $t = T$) a $\varphi = 2\pi$ radianes. Observe que la fase intermedia, donde $x = 0$ y $t = \frac{T}{2}$, corresponde a $\varphi = \pi$ y la fase donde la amplitud es máxima y mínima, $x = \{A, -A\}$ y $t = \{\frac{T}{4}, \frac{3T}{4}\}$, es $\frac{\pi}{2}$ y $\frac{3\pi}{2}$, respectivamente. La *frecuencia* ω, está determinada por el número de radianes en un segundo; aunque es muy simple traducirla a hertzios o ciclos por segundo porque $\omega = 2\pi f$.

El concepto de *fase* está asociado al "lugar" (en este caso al instante de tiempo t) respecto al período T. T corresponde a 2π. La fase en el instante t está determinada por $\varphi = \omega t + \phi$. Si $\omega = 2\pi f$ y $f = \frac{1}{T}$, entonces $\varphi = \frac{2\pi}{T} t + \phi$. $\phi = 0$, entonces $\varphi = \frac{2\pi}{T} t$, por lo que, cuando $t = T$, la fase $\varphi = 2\pi$.

Otra interpretación de la Figura 2 es tomar el punto blanco como referencia de un conjunto de moléculas del aire que vibran en vertical hacia zonas de mayor y menos presión. Después de transcurrido T segundos, el punto blanco alcanzaría la posición de equilibro correspondiente al punto negro.

El tono de referencia que se utiliza para afinar una orquesta `A4, LA (A)` central, tiene 440 Hz o 2764, 6 radianes por segundo. Un *tono* es un atributo del sonido relacionado con su *frecuencia fundamental* de vibración. Los tonos suelen tener modos de vibración complejos, compuestos por múltiples vibraciones simples. A estas vibraciones simples o senoidales se les denomina *armónicos* o *sobretonos*.

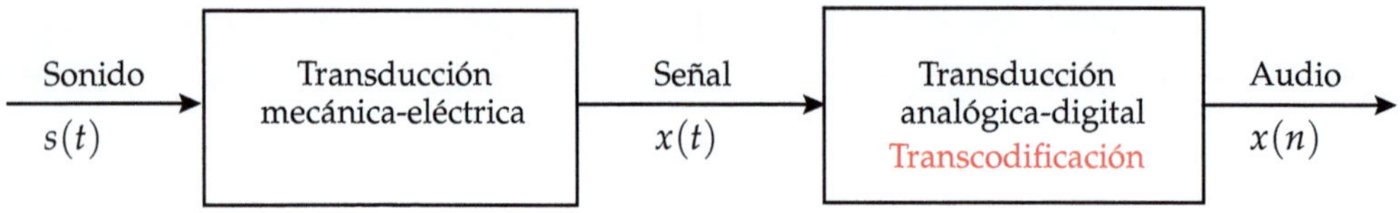

Figura 3: Transducción acústica-analógico-digital. Aquí la señal eléctrica es audio analógico y audio, a secas, corresponde a audio digital: el tópico de este libro.

El sonido $s(t)$, antes de ser convertido en audio digital, debe ser convertido a audio analógico; es decir, a una señal eléctrica. Un micrófono o pastilla de una guitarra eléctrica son ejemplos de este tipo de transducción mecánico-eléctrica. La señal eléctrica analógica, $x(t)$, generada por este tipo de transductor es proporcional a la vibración mecánica acústica y, por lo tanto, mantiene todas sus propiedades.

Por último, la señal eléctrica analógica es convertida a audio digital mediante un convertidor analógico-digital (ADC, Analog-Digital Converter) en un proceso denominado *transcodificación*. El audio digital, $x(n)$, es una ristra o secuencia de números que representan una señal eléctrica o de audio analógico.

El audio, por lo tanto, puede ser analógico $x(t)$ o digital $x(n)$, donde $n = 0, 1, \ldots$, corresponde a instantes discretos del tiempo t, separados entre sí por un período de tiempo conocido como *período de muestreo*, T_s; es decir $x(n) = x(nT_s)$.

El audio digital es susceptible de ser procesado, almacenado, transmitido y también, por supuesto, producido. Todos los efectos digitales operan en el dominio digital (aunque muchos tengan entrada/salida analógica). Los sintetizadores digitales producen audio directamente en el dominio digital (aunque la mayoría tenga salida analógica).

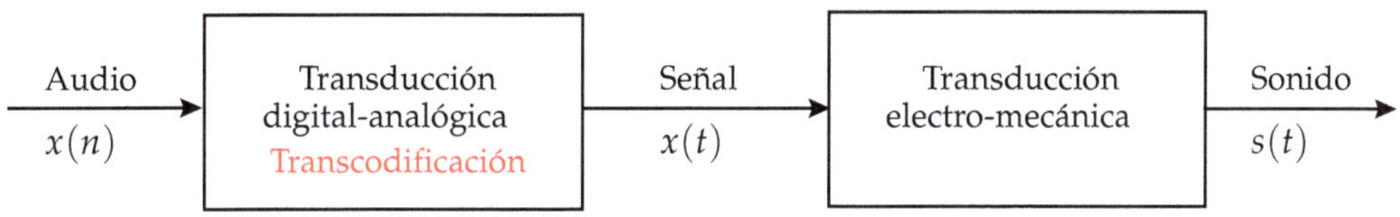

Figura 4: Trasducción inversa digital-analógica-acústica.

Para convertir el audio digital en sonido, es necesaria una cadena de transducción inversa, como la que muestra la Figura 4 donde el audio digital es convertido a audio analógico (señal eléctrica) mediante un transcodificador (DAC, Digital-Analog Converter) y la señal eléctrica es convertida a una vibración mecánica acústica con un transductor electro-mecánico como puede ser un altavoz.

Observe que, incluso cuando la producción y procesamiento del audio es digital, es necesario, al menos, la transcodificación a señal acústica (ondas de presión sonora), para poder escucharlo. Es habitual que, a cualquier sistema de audio digital, llegue audio proveniente de sonido y esencial que todo el procesamiento se mantenga en el dominio digital.

No es conveniente cambiar continuamente de dominio analógico/digital porque cada cambio introduce error en forma de distorsión. Es muy recomendable que, una vez realizada la transcodificación no se realice el proceso de transcodificación inversa hasta la última etapa de escucha.

Cualquier sistema de audio digital opera en medio de lo que constituyen estas dos cadenas; es decir, con $x(n)$. Un sistema de transformación digital podría ser del estilo: $y(n) = \mathcal{T}\{x(n)\}$. Al dispositivo transcodificador que provee la transducción analógica-digital y la transducción digital-analógica se le denomina *interfaz analógico-digital digital-analógica* o, simplemente, *interfaz de audio digital*.

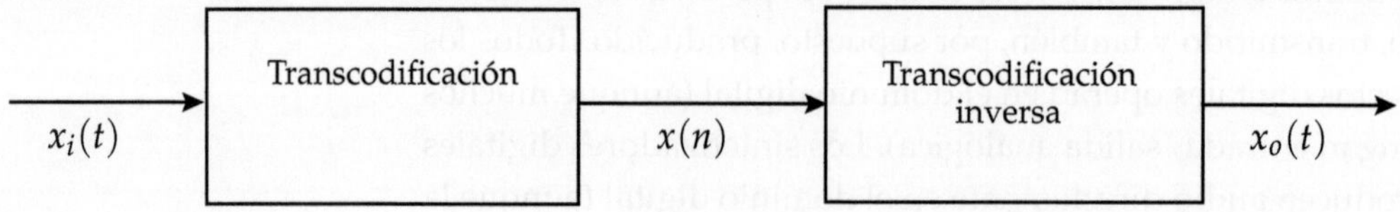

Figura 5: Procesamiento de audio digital. *i* y *o* significan entrada y salida, respectivamente.

La magia de «lo digital» está en que $x_i(t) \equiv x_o(t)$; lo que, en términos perceptuales, puede ser considerado una igualdad. A esto se le conoce como *procesamiento de señales analógicas en el dominio digital*. En el dominio analógico el audio, las señales eléctricas, son más sensible al ruido (omnipresente), a las variaciones de los parámetros de los componentes electrónicos y del entorno (temperatura, humedad, etc.), mientras que en el dominio digital solo se introduce una distorsión insignificante y controlada en los procesos de transcodificación, no existen dispositivos, solo programas (que funcionarán siempre de la misma manera, con independencia del entorno), es posible "simular" el comportamiento de los dispositivos analógicos, es más barato y económico, introducir cambios o correcciones, parametrizar los distintos procesos, etc.

El nivel del sonido, del audio analógico o del audio digital, se expresa generalmente en unidades relativas adimensionales basadas en el concepto de decibelio. Esto es así porque el margen de variación de estos valores suele ser extraordinariamente grande. El mismo rango, expresado en decibelios, es mucho menor y más apropiado a la relación no lineal del nivel respecto al sistema perceptual auditivo. El *decibelio* (dB), correspondiente a la décima parte de un *belio*, se define en relación a dos amplitudes o a dos potencias tal que:

$$\mathrm{dB} = 20\log\frac{A}{A_0} \tag{1}$$

$$= 10\log\frac{I}{I_0} \tag{2}$$

donde A es la amplitud (dada en la unidad que corresponda), A_0 es la amplitud de referencia, I es la potencia[1] (también dada en la unidad que corresponda) e I_0 es la potencia de referencia. Observe que 0 dB corresponde a $A = A_0$, $I = I_0$. Por ejemplo, si A es la amplitud a la salida de un sistema y A_0 la amplitud a la entrada, el cociente $\frac{A}{A_0}$ describe cuántas veces A es mayor o menor que A_0. Si dB = 0, significa que el sistema tiene ganancia unidad; es decir, que no modifica la amplitud del sonido, señal o audio; según se trate. El decibelio es una magnitud comparativa o relativa.

El decibelio permite también expresar la relación entre *dos magnitudes de campo*, como una tensión, una corriente, una presión acústica, un campo eléctrico, una velocidad o una densidad de carga, cuyo cuadrado es proporcional a una potencia en los sistemas lineales. Para obtener el mismo valor numérico que con una relación de potencias, el logaritmo de la relación de las magnitudes de campo se multiplica por el factor 20, suponiendo que las impedancias sean iguales [ITU, 2015]. Observe que es una relación no lineal.

[1] La intensidad es la potencia por unidad de área.

El volumen del sonido se mide en dB SPL (Sound Pressure Level); es decir, respecto a un nivel de presión sonora que corresponde al *umbral de la audición humana*. Este umbral es de 20 micropascal y ha sido fijado mediante estudios estadísticos y pruebas con oyentes. Por debajo de este valor, se asume que ningún ser humano es capaz de escuchar nada.

$$\text{dB SPL} = 20 \log \frac{A}{20} \tag{3}$$

En este ecuación, la amplitud A es la presión acústica eficaz (RMS, Root Mean Square) en micropascal. En estas unidades, 20 dB SPL es 100 veces superior al mínimo. Según el experto Pablo Fernández-Cid:

> Cuando nos dicen que una sala tranquila se mueve en torno a 40 o 50 dB SPL o que un *tutti* orquestal llega por encima de los 100 dB SPL, lo entendemos y asociamos significados prácticos a los valores en dB SPL. Especialmente si también sabemos que 120 dB SPL es un nivel que se tilda ya de doloroso [. . .] y que por encima puede haber daños al oído.

La amplitud de señales eléctricas en términos de voltaje utilizan como voltaje referencia 1 V RMS (y se expresa en dBV) o 0,7746 V RMS (y se expresa en dBu). Los niveles de línea en los equipos de audio de consumo se miden en dBV, y el nivel nominal estandarizado es de -10 dBV, que corresponde a una onda senoidal de 0,3162 voltios eficaces (V RMS). El voltaje de referencia absoluto es 1 V RMS[2]. En el audio profesional los niveles de línea se miden en dBu y el nivel nominal más extendido para estos equipos es de +4 dBu, que corresponde a una onda senoidal de 1,228 V RMS. El voltaje de referencia absoluto es 0,7746 V RMS[3].

[2] Este voltaje de referencia se corresponde con una potencia de 1 milivatio (mW) desarrollada sobre una impedancia de 1 kilohmio (kΩ).

[3] Este voltaje de referencia corresponde a la tensión que aplicada a una impedancia de 600 Ω, desarrolla una potencia de 1 mW.

El nivel del audio digital se da en dBFS; es decir, decibelios a *escala completa* (FS, Full Scale). La escala completa se define como la amplitud RMS de una onda senoidal cuyo valor pico (máxima excursión) alcanza el máximo valor digital; en este caso le corresponde un valor de amplitud de 0 dBFS. Aproximadamente, cada bit aporta 6 dBFS.

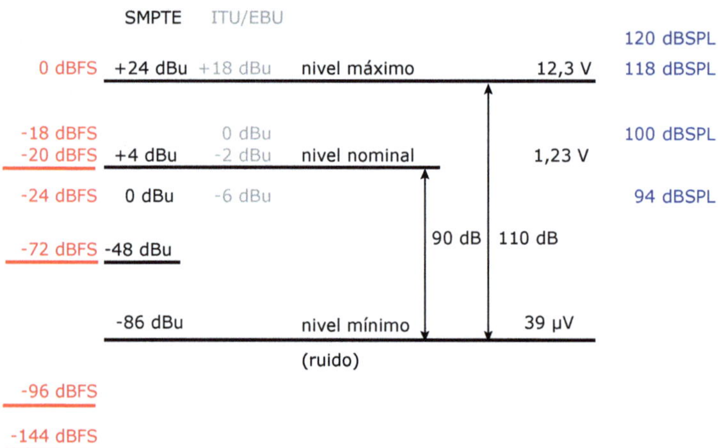

Figura 6: Relación entre los niveles digital-analógico-acústico.

La Figura 6 muestra la relación entre los niveles del audio digital y analógico y el sonido. Los niveles de las señales eléctricas se muestran según los estándares SMPTE e ITU/EBU. Esta relación de escala está dada por: 0 dBu = −18 dBFS = 100 dB SPL a 1 metro. Observe que, según ITU/EBU, 0 dBu = −18 dBFS y que, según SMPTE, +4 dBu = −20 dBFS.

La diferencia entre el valor máximo y mínimo de nivel se denomina *dinámica*. En el sonido el rango dinámico está determinado entre el *umbral de audición* (0 dB SPL), y el *umbral del dolor* (130 dB SPL, aproximadamente). El máximo del audio analógico profesional es de 1,228 V RMS (+4 dBu), el audio doméstico o de consumo es de 0,3162 V RMS (−10 dBu). En el audio digital el máximo es de 0 dBFS, mientras que el mínimo está dado por el número de bits de cuantificación de la interfaz de audio digital. Por ejemplo, con 16 bits, el rango dinámico va desde −96 dBFS hasta 0 dBFS, mientras que con 24 bits va desde los −144 dBFS.

El oído humano tiene un rango dinámico de unos 120 dB, aunque una habitación no insonorisada en silencio tiene un nivel de ruido del orden de 20 dB, y por encima de 100 dB la mayoría de las personas sienten molestias.

Hablemos de calidad

Cuando se compara la calidad del audio analógico con el audio digital, no se trata de comparar ambos tipos de información; en definitiva, el audio digital es solo un conjunto de muestras del audio analógico, aunque conserve la información. La comparación se establece fundamentalmente en términos del medio de almacenamiento para ambos tipos de señales y la mayor o menor vulnerabilidad al ruido del medio. Dicho de otra manera, la calidad de un medio como la cinta es diferente a un medio como el vinilo, a pesar de almacenar la misma señal eléctrica, conocida como audio analógico.

El audio analógico no es inferior al audio digital, es el *medio de almacenamiento* el que determina esta calidad porque, en el audio digital, independientemente de cuál sea el medio de almacenamiento, cada copia es original: el ruido es cero; da igual que la copia sea de la primera generación o de la mil cien. En teoría, es posible que en el futuro se desarrolle un medio capaz de contener audio analógico con una vulnerabilidad al ruido despreciable.

Figura 7: Breve historia del audio analógico.

La calidad del medio está dada por su capacidad de representar con la mayor fidelidad el rango dinámico y el rango de frecuencias del sonido.

La Figura 8 muestra una breve historia de los soportes o medios de audio analógico. El objetivo de todos estos dispositivos es convertir el sonido en algún otro tipo de energía capaz de ser registrada en algún soporte, tal que pueda ser recuperada o reproducida. El medio debe seguir la velocidad de los cambios; es decir, de registrar la frecuencia máxima de vibración del sonido, y debe ser capaz de registrar las variaciones de nivel, desde las más débiles hasta las más fuertes.

El primer dispositivo donde se pudo registrar audio fue el *fonógrafo*, inventado por Thomas Alva Edison en 1877. El fonógrafo utiliza un sistema de grabación según el cual, el sonido es transformado en vibraciones mecánicas mediante un transductor acústico-mecánico. Estas vibraciones mueven un estilete que labra un surco helicoidal sobre un cilindro del fonógrafo. Para reproducir el sonido es necesario invertir el proceso. Al principio se usaron cilindros de cartón recubiertos de estaño, más tarde de cartón parafinado y, finalmente, de cera sólida. El cilindro de cera, de mayor durabilidad y calidad se comercializó desde 1889, un año después de la aparición del *gramófono*.

La preservación musical se remonta a 1860. "El 9 de abril e aquel año, Édouard-Léon Soctt de Matinville hizo la primera grabación conocida de una pieza musical, una mujer cantando la canción popular francesa *Au claire de la lune, mom ami Pierrot* grabada en una hoja de papel encerado" [Maor, 2018, p. 107]. Solo cien años antes, Haydn y Mozart tocaban sus obras sin que fuera posible su registro.

El gramófono fue inventado por Alexander Graham Bell en 1888. Su nombre proviene del griego "gamma", que significa escritura y "fono", sonido. Este aparato fue el primer sistema de grabación y reproducción de sonido que utilizó un disco plano, a diferencia del fonógrafo que grababa sobre un cilindro. Su uso se extendió desde 1890 hasta 1950, cuando apareció el vinilo a 33 RPM (revoluciones por minuto).

El *magnetófono* o grabador de alambre fue el primer aparto de grabación magnética de sonido comercializado para el uso civil. Fue creado en 1930 en Estados Unidos por Marvin Camras, de la Fundación para el Desarrollo de Armas. Camras creó un dispositivo de buena calidad; se vendieron varios miles de unidades a las Fuerzas Armadas de los Estados Unidos. No existía un patrón de fabricación de carretes de alambre, por lo que se hicieron de diversas medidas según los requerimientos de los militares.

El grabador de cinta abierta es un tipo de magnetófono, creado en 1948, que utiliza como soporte una cinta magnética. El sonido es convertido a señal eléctrica, mediante un transductor mecánico-eléctrico. Durante la grabación, el cabezal convierte la energía eléctrica en energía magnética capaz de orientar las partículas ferro-magnéticas depositadas en la cinta.

En el proceso inverso de reproducción, el campo electromagnético que se produce entre el cabezal y la cinta, induce una corriente eléctrica que es amplificada y convertida, mediante un transductor electro-mecánico, en sonido. El primer aparato de este tipo fue fabricado por AMPEX. Según el cabezal, es posible grabar desde una pista (mono), dos pistas (estéreo), hasta decenas de pistas (multipista).

El disco de vinilo es un soporte que almacena música sobre un surco en forma de espiral grabado sobre su superficie. El secreto que reside tras el sonido que se escucha al reproducir un disco de vinilo no es más que la transformación del movimiento mecánico en una señal eléctrica que luego, mediante un transductor electro-mecánico, es convertido en sonido. A pesar de que resultan invisibles para la vista, el disco de vinilo tiene surcos microscópicos que la aguja sigue, captando todas las irregularidades. Los primeros discos a 33 RMP salieron a la venta, sin éxito, durante el período de depresión, en 1929. Debieron aguardar hasta el 21 de junio de 1948 para volver a ser presentados y cosechar el éxito del que fueron merecedores. En los antecedentes del vinilo está el disco de pizarra, mucho más frágil, y que debía rotar a 78 RMP para conseguir una mejor representación de las altas frecuencias.

El surco del vinilo es asimétrico de tal forma que, según la Wiki: "los movimientos laterales representan la suma de los canales estéreo y los movimientos verticales representan la sustracción o resta de ambas señales".

RCA creó, en 1958, el *cartucho de audio*: uno de los primeros intentos de empaquetar las cintas de grabador abierto y hacerla portátil. La caja contenedora medía $5 \times 7\ 1/8 \times 1/2$ pulgadas y la velocidad de la cinta era variable; la más común de 3,75 pulgadas por segundo.

El *audiocassette compacto*, más conocido como *cassette*, fue introducido por Philips en Europa en 1963 y un año después en los Estados Unidos. Había otros sistemas de cartucho de cinta magnética en ese entonces pero Philips, en respuesta a la presión de Sony, licenció el formato gratuitamente y esa estrategia la llevó dominar el mercado.

De todos estos formatos, solo el grabador de cinta abierta se ha usado en los estudios de producción de audio, como Motown. En un principio la grabación era mono; es decir, una sola pista. No existía, por lo tanto, el concepto de edición, ni mezcla. Sin embargo, a medida que los cabezales fueron aumentando las pistas, primero a dos, luego a cuatro, etc., fue posible la grabación multipista y la postproducción. El famoso estudio de grabación inglés de Abbey Road tuvo grabadores de dos pistas hasta 1963, año en el que instaló grabadores de cuatro pistas. Los primeros grabadores de 8 pistas aparecieron a finales de los años 60. Durante los años 70, los grabadores de 16, 24 y 32 pistas se hicieron comunes junto con las cintas de grabación de 2 y 3 pulgadas de ancho (5.08 cm y 7.62 cm, respectivamente). El sistema de grabación fue el mismo que empleó Les Paul, doblando o apilando pistas (*overdubs*), hasta que se dispuso de suficientes pistas para mantenerlas independientes. La grabación multipista permite registrar instrumentos musicales y voces, uno a uno o simultáneamente, en pistas individuales, de modo que los sonidos pueden ser procesados y manipulados individualmente para producir los resultados deseados. El vinilo y el cassette son medios de consumo, no de trabajo.

Se atribuye el invento de la grabación multipista, al guitarrista, compositor e inventor estadounidense Les Paul, quien hizo valiosos aportes en el diseño de la guitarra eléctrica modelo Gibson Les Paul para la empresa Gibson Guitar Corporation al inicio de los años 50. Según la Wiki "Paul había experimentado con el doblaje (superposición de grabaciones con el mismo instrumento) hacia el final de los años 40 y fue en 1948, cuando la discográfica estadounidense Capitol Records presentó al público un disco de 78 RPM en el cual Les Paul tocaba ocho partes diferentes de una melodía en la guitarra eléctrica. Estas partes fueron grabadas sobre discos maestros de cera rígida; lo que hizo Paul fue grabar una pista en un disco, luego grababa otro disco escuchando la anterior grabación, mientras esta se unía a la ejecución actual hasta completar las 8 pistas. La grabación resultante, como otras de la época, era monofónica".

Resumiendo, según el medio de registro: la *era acústica* o *mecánica* del sonido se desarrolló de 1877 a 1925 (aún se siguen comercializando medios mecánicos como el vinilo); la *era eléctrica*, 1925 a 1945 (incluye el sonido en películas); la *era magnética*, 1945 a 1975. A partir de 1975 el hombre descubrió «lo digital», como alternativa más económica, práctica y eficiente; surgió la *era digital* que llega hasta la actualidad y no tiene visos de desaparecer. La grabación digital resuelve el problema de la degradación sufrida por la señal analógica en los procesos de grabación y lectura y el deterioro debido al paso del tiempo. Es posible identificar y corregir los ceros y los unos aunque la grabación este algo degradada; es posible, de hecho, añadir redundancia para detectar y corregir errores.

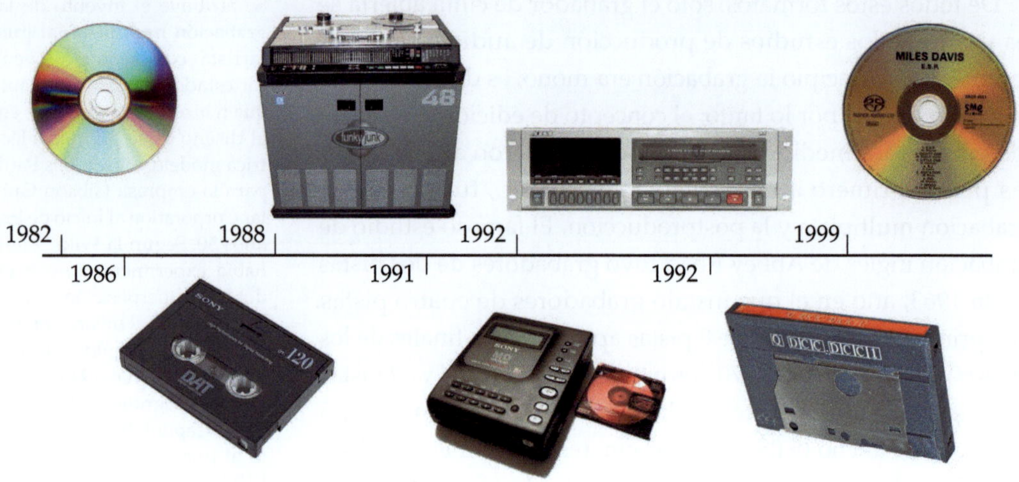

Figura 8: Breve historia del audio digital.

En 1982, Philips y Sony lanzaron el disco óptico, en el que se podía grabar 74 minutos estéreo, 16 bits, 44,1 kHz. En 1986, los mismos fabricantes, aprovecharon la cinta electromagnética como medio e introdujeron el DAT, que podía alcanzar entre 90 y 120 minutos, 20 pistas, 48 kHz. En 1988, Sony y Tascam reciclan el medio de cinta de bobina abierta y crean el DASH en el que se podía grabar 69 minutos, 52 pistas (48 audio más 4 auxiliares), 16 bits, 48 kHz. En 1991, Sony produce, basado en la tecnología de disco óptico, el Minidisc: un dispositivo orientado al consumo que introducía compresión perceptual en la codificación. En 1992, Alesis utilizó la cinta magnética de vídeo S-VHS para grabar hasta 62 minutos, 8 pistas, 16 bits, 48 kHz y Philips introduce el DCC, una alternativa al Minidisc basada en cassette de 60 minutos, 16 pistas, 16 bits, 48 kHz (también con compresión perceptual).

También en 1992, Mitsubishi, Otari y AEC crean un sistema de grabación basado en cinta magnética de audio y de bobina abierta que ofrece 32 pistas, 16 bits, 48 kHz, denominado ProDigi. Basado en el mismo concepto del ADAT creado por Alesis, Tascam introduce el DA88 y el DTRS basado en cinta magnética de vídeo Hi8[4]. Entre 1997 y 1999 se crea una lucha entre el grupo Pioneer/Matsushita y Philips/Sony, en dos formatos incompatibles basados en tecnología de disco óptico BlueRay. DVA-A, del primero, ofrece 622 minutos, 6 pistas, 24 bits y 192 kHz[5]. SACD, del segundo, ofrece hasta 22 minutos, 6 pistas, 1 bit y 5, 6 MHz de *frecuencia de muestreo*. En realidad este último utiliza tecnología DSD (Direct-Stream Digital) que usa un tipo de codificación conocido como modulación por densidad de impulsos (PDM, Pulse Density Modulation) basado en 1 bit y sobremuestreo; a diferencia de la tecnología de codificación empleada por los formatos competidores (CD, DAT, DASH, y DVD-A) conocida como modulación por impulsos codificados (PCM, Pulse Code Modulation). Además DSD hace uso extensivo de técnicas de modelado de ruido (*noise shaping*), que permite reducir el ruido dentro de la banda de audiofrecuencias sacrificando a cambio las ultrasónicas. Estos dos últimos formatos han fracasado en su guerra y ante la distribución de audio en *streaming* y formatos digitales de consumo que pueden ser reproducidos desde un disco duro o memoria de estado sólido como el mp3 (MPEG 1, layer 3), AAC (Audio Advanced Coding) de Apple, ATRAC (Adaptive Transform Acoustic Coding), FLAC (Free Lossless Audio Coding), WAV (Waveform Audio Format), AIFF (Audio Interchange File Format), etc.

A excepción de DASH, ADAT, ProDigi, DA88, DTRS, el resto de tecnologías fueron diseñadas como medio de consumo porque el audio digital es susceptible de ser producido, procesado, almacenado y volcado en su medio final desde un ordenador: el metamedio digital por excelencia.

[4] Ambos permiten 8 pistas, 16 bits el DA88 y el DTRS hasta 24 bits a 48 kHz.

[5] El uso de frecuencias de muestreo muy altas: 48, 96, 192 kHz, etc., permite el diseño de filtros de reconstrucción más simples y eficientes. En ningún caso es porque permite escuchar frecuencias por encima de los 20 kHz, que es el límite práctico admitido del rango audible.

El sistema de grabación, postproducción de audio digital usa como medio de almacenamiento discos duros, SSD (Solid Stage Disk), etc.

Respecto a la calidad hay varias cosas a tener en cuenta.

Rango dinámico Un vinilo tiene un margen dinámico de 65 dB (puede alcanzar los 76 dB), una cinta de cassette 60 dB (puede alcanzar los 70 dB con técnicas de reducción de ruido Dolby S), y el audio digital está por encima de los 90 dB con 16 bits (puede alcanzar los 144 dB con 24 bits). El rango dinámico del audio digital es mucho mayor que el del audio analógico lo que permite evitar la compresión y hacer el sonido más natural.

Respuesta en frecuencia La respuesta en frecuencia de los medios analógicos depende de la tecnología que emplee. La calidad de una grabación en cinta magnética depende del tipo de cinta utilizada, de su tamaño y de la velocidad de arrastre. El tipo de emulsión (hierro, cromo, etc.) de la cinta magnética de audio determina la respuesta en frecuencia y, por tanto, la calidad. Las velocidades de arrastre usadas por los magnetófonos profesionales determinan la respuesta en frecuencia: 3 3/4 [30 Hz–14 kHz], 7 1/2 [30 Hz–18 kHz], 15 y 30 [30 Hz–22 kHz] pulgadas por segundo. A mayor velocidad de arrastre, más calidad. Las anchuras de cintas magnetoscópicas son de 1/4, 1/2, 1 y 2 pulgada. A mayor anchura de cinta, mayor velocidad de arrastre y, por tanto, más calidad.

Si el flujo magnético adquiere altos niveles se produce distorsión y saturación. Si por el contrario, el flujo magnético tiene un nivel en exceso bajo se produce ruido. Para obtener una grabación óptima, el margen de rango dinámico útil ha de situarse entre un nivel de salida máximo (MOL, Maximum Output Level) y uno mínimo (nivel típico de ruido). El MOL para una cinta de alta calidad está en un nivel magnetico de alrededor de 1.000 nWb m^{-1}.

La respuesta tampoco es plana. El vinilo, sobre todo, sufre pérdida en agudos. Durante el surcado, para proteger la cabeza surcadora, el técnico debe filtrar las frecuencias más agudas. Hay una pérdida gradual en los agudos, más suave, pero de mayor ancho de banda; algo que puede ser minimizado mediante una ecualización que realce esa zona (si es conocida por el técnico) antes de ejecutar el surcado. paradójicamente, esta pérdida de agudos, sobre todo en el extremo superior, provoca una sensación de sonido cálido y fácil de escuchar.

No es necesario tener señal por encima de 12 kHz para conseguir un sonido detallado y presente; sin embargo, esta energía que ha sido reducida provoca molestia a aquellas personas que son capaces de escuchar esas frecuencias. La respuesta en frecuencia de todos los medios digitales es plana en el rango audible: 20 Hz a 20 kHz.

Debido a las características de grabación de los discos de vinilo hay una descompensación entre el nivel de altas y bajas frecuencias. Para mitigarla, en el proceso de corte del disco, se utiliza un estándar llamado ecualización RIAA. La curva de compensación RIAA se emplea en reproducción, no en grabación.

Distorsión La relación señal/ruido (SNR, Signal-Noise Ratio) determina el nivel de ruido en ausencia de señal[6]. De sobra es conocido el *hiss* de la cinta o el sonido de fritura del vinilo que se escucha antes de que empiece el programa musical. Esto es ruido, no señal, que desparece cuando la SNR es tal que la señal enmascara al ruido. Los dispositivos analógicos son más sensibles a la diafonía o ruido que se produce por la interferencia entre canales; lo que determina su separación.

[6] Audio en este caso. El *ruido*, en general, también se considera señal; sin embargo, se trata de señal "no deseada"; se podría decir que la *señal*, a secas, es señal "deseada" o de interés.

En el caso de la cinta, y suponiendo un perfecto calibrado de la misma, la mayor parte de esa distorsión proviene del achatamiento que sufre la señal al llegar a su codo de saturación magnética. Al comenzar la grabación, la cabeza comienza a magnetizar la cinta, pero llegado a un cierto punto, la relación entre la señal de audio entrante y la magnetización obtenida deja de ser lineal.

Este tipo de distorsión es provocada básicamente por un aumento de los armónicos impares, tendiendo la señal a asemejarse a una onda cuadrada. Hasta llegar a la zona problemática, la onda se registra correctamente, pero al sobrepasar un cierto umbral, comienza a sufrir un recorte cada vez más pronunciado.

En el caso del surcado en el disco master, no se registra ningún campo magnético, sino un simple "camino" físico, un *relieve variable* en el cuerpo del propio disco. Ciertamente, sí que existe un campo magnético involucrado en el proceso: el de la cabeza surcadora, que también se satura de forma parecida al caso anterior. Pero además tenemos una nueva distorsión, y es la principal, que es originada por el retardo de giro generado a causa de la fricción entre el estilete y la superficie del disco [Larruzea, 2016].

La SNR del vinilo, en condiciones óptimas alcanza 70 dB; aunque la calidad del material también influye en el ruido. Muchas veces se usa el argumento de sonido "frío" de los medios digitales versus sonido "cálido" de los medios analógicos. Detrás de este argumento está la *distorsión armónica*: la introducción de armónicos debido a la no linealidad del sistema. Dicho de otra manera, si se introduce un armónico o sobretono, $x_i = A_i \sin(2\pi f t + \phi)$, a un dispositivo analógico (como puede ser un amplificador de válvulas), la salida es $x_o = \sum_{m=1}^{\infty} A_o \sin(2\pi f m t + \phi)$.

Tímbricamente hablando, y al menos con señales simples, el cambio en el sonido, al ser registrado en un vinilo, es similar a la distorsión no lineal que introduce un equipo analógico (amplificador de válvulas por ejemplo). Esta distorsión suele provocar que el sonido se perciba más "grueso", con más "cuerpo", "como si el sonido se llenara".

Lo que ocurre es que estos armónicos están relacionados entre sí por un múltiplo entero, tal y como se relacionan los armónicos de los sonidos de los instrumentos armónicos (como piano, guitarra, flauta, etc.) y esto gusta. Produce un sonido "agradable", placentero; más orgánico y menos geométrico, más natural y menos perfecto; aunque en realidad se trata de un defecto técnico.

La diafonía o *crosstalk* se define como aquella porción del sonido que, originalmente estando solo en uno de los canales, se duplica en el canal opuesto (en el caso del estéreo) o en canales vecinos (en el caso multicanal). En el vinilo la diafonía aumenta hasta unos 55 dB; pero esta distorsión no es grave para el sistema perceptual humano porque el cerebro no está acostumbrado a recibir sonido únicamente en uno de los canales; siempre recibimos información por ambos oídos. Particularmente, si los dos oídos no reciben una señal coherente en ambos lados, invade una sensación de mareo, incluso de dolor cuando se sobrepasan niveles moderados y la señal solo es recibida por uno de los oídos al utilizar un solo auricular, por ejemplo.

Durabilidad Cualquier tecnología de grabación-reproducción donde intervengan elementos mecánicos es susceptible de sufrir desgaste y desajuste. Las fluctuaciones de velocidad en cintas y vinilos producen cambios de afinación. El vinilo en particular ofrece peor calidad en las últimas vueltas (por eso contienen las canciones menos apreciadas del álbum). Se trate de audio analógico o digital, todos los medios mecánicos son peores que los medios de almacenamiento basados en electrónica de estado sólido. Todas las copias analógicas introducen pérdidas y disminuyen la SNR, mientras que todas las copias digitales, que no utilicen formatos de compresión con pérdidas, son idénticas.

Por último, tenga en cuenta que, en un formato digital con un mayor rango dinámico, mejor SNR, sin distorsión, ni ruidos analógicos, es posible replicar el efecto de un formato analógico, añadiendo en producción ese rango dinámico comprimido o esos armónicos "cálidos" que tanto gustan; pero lo contrario no es posible: en un vinilo o una cinta no se puede replicar las características de limpieza y fidelidad de un formato digital (ni el resto de ventajas como durabilidad, posibilidad de réplica, etc.). El audio digital puede recrear los atributos del audio analógico, pero no a la inversa. Esto es gran parte de la «magia» de «lo digital».

Los formatos de distribución en *streaming* son, en cualquier caso, de peor calidad que cualquier formato sin compresión o con compresión sin pérdidas, como es el FLAC (Free Lossless Audio Codec); pero solo sirven para eso, para llegar al consumidor. En ningún caso deben ser usados para producir o postproducir un programa musical.

Figura 9: Reproductor de alta fidelidad PonoPlayer, de PonoMusic.

La revolución de la música grabada

La primera grabación de sonido data de 1878.

Sea analógica o digital, el registro de la música supuso un cambio cualitativo en la historia de la música. Según David Byrne: "Del mismo modo que la fotografía cambió nuestra manera de ver, la tecnología de grabación cambió nuestra manera de escuchar". Las tecnologías de grabación permitieron registran la música y, por lo tanto, conservarla, patrimonializarla.

Desde el principio estuvo presente el espíritu de una copia fidedigna del fenómeno musical que registraba, pero esta fidelidad siempre ha estado restringida por los límites de la tecnología y por el punto de vista del productor (la persona y/o equipo que graba y produce un artículo de consumo). Al final, el registro es solo una sinécdoque, un punto de vista, una ilusión del verdadero fenómeno acústico al que pretende representar. De hecho, esta fidelidad no duró demasiado. La mayoría de las grabaciones no son meros testimonios de una ejecución sino una ilusión, una recreación de lo que deberían ser.

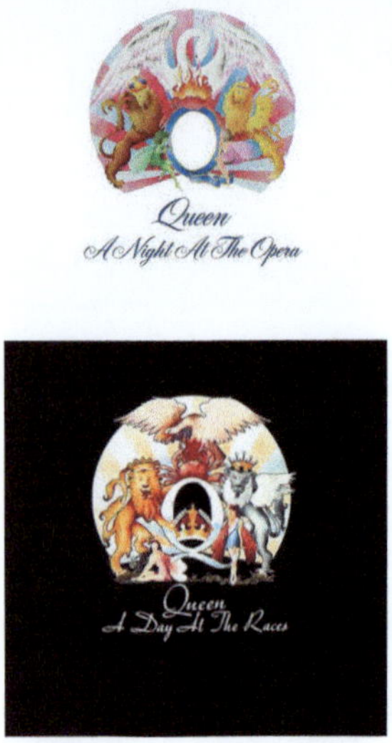

Figura 10: Queen. *A Night at the Opera*, 1975. *A Day at the Races*, 1976.

Aún hoy día el mundo está dividido entre los artistas que prefieren que sus grabaciones se parezcan a sus directos y los artistas que prefieren que sus grabaciones sean superiores (incluso muy superiores) a sus directos. Un ejemplo de ello son los revolucionarios discos de Queen cuyas portadas muestra la Figura 10, ambos imposibles de reproducir íntegramente por ellos en directo. Dicho de otra manera, la grabación no tiene las limitaciones de un directo, de la misma manera que los efectos especiales recreados en las películas de ciencia ficción solo pueden existir en la ilusión del cine. Se pueden realizar las tomas que hagan falta (a diferencia de una única toma del directo), se pueden incluir todos los instrumentos que se quiera. Se puede grabar incluso el espacio.

La edición tampoco tiene límites. Es posible automatizar la variación de cualquier parámetro; corregir los errores de altura, posición, duración, nivel, con la precisión que se quiera; deshacer cualquier acción con el simple toque de una tecla o un clic del ratón, etc.; en definitiva, el resultado deja de ser una copia de algo para convertirse en algo nuevo que no tiene representación en la realidad.

El técnico es una especie de músico flotante al grupo que produce, cuyo instrumento es la tecnología. Gracias a su trabajo, la música puede ir en una dirección o en otra, puede desplegar toda su magia.

Figura 11: SoundCloud. Plataforma de distribución de audio en línea, bajo demanda.

Figura 12: Los escribas del siglo XVI de Brujas se divirtieron mucho iluminando este manuscrito musical, porque está lleno de ilustraciones magníficas, fascinantes y francamente extrañas. El libro de canciones se llama *Cambrai Chansonnier*. Gracias a «lo digital» es posible, no solo la preservación de los textos, sino su interpretación, recreación y análisis.

La grabación analógica democratizó el acceso al patrimonio musical[7]. La grabación permite al acceso a un registro del acontecimiento en cualquier instante y lugar, un número incontable de veces e incluso consumirlo "bajo demanda"[8]. La grabación permite conectar la vida con la música; en definitiva, cada vida tiene su banda sonora: la música que acompaña etapas, momentos, relaciones y emociones.

[7] Hasta entonces patrimonio exclusivo al grupo de personas que podían asistir a un concierto.

[8] Término que se usa hoy día en referencia a los sistemas de consumo en *streaming* (transmisión bajo demanda).

Transcodificación

El dispositivo encargado de la transcodicación del audio analógico al digital y viceversa se denomina *interfaz de audio digital*. La Figura 13 muestra una interfaz comercial bastante versátil, económica y de calidad profesional. Observe que la interfaz posee 8 entradas/salidas para señales eléctricas normalizadas; es decir, no trabajan directamente con sonido. En este caso, todas las entradas admiten dos tipos de conectores, TRS y XLR, y permiten conectar tanto señales de instrumentos como de micrófonos (incluso de condensador, que deben ser alimentados con una alimentación *phantom* de 48 V).

Figura 13: Interfaz de audio digital de MOTU, 8pre.

También posee 16 entradas/salidas ópticas digitales (ADAT) y una salida para audífonos. Se conecta al ordenador (PC o portátil) mediante la interfaz de comunicación estándar IEEE 1394, conocida comercialmente como Firewire. Esta interfaz tiene 24 entradas y 28 salidas independientes, pero, en caso de requerirse más canales, es posible apilarlas gracias a la conexión Firewire. Solo tiene que conectarlo y especificar dos parámetros en cada sesión de trabajo (si no usa los que tiene por defecto).

El primero es la *frecuencia de muestreo,* dada en ciclos por segundo o hertzios. Las frecuencias más comunes son 44,1 kHz, 48 kHz, 96 kHz, 192 kHz, etc. La primera es la frecuencia que utiliza el CD y la segunda el DAT.

El segundo parámetro es el *número de bits de cuantificación.* Solo hay dos valores posibles: 16 y 24 bits (antiguamente podía seleccionar otros, incluso 8). 16 bits es lo que utiliza el CD y proporciona 96 dBFS de rango dinámico, 24 bits es lo que utiliza SACD y proporciona 144 dB. Un valor óptimo para la producción de un CD, por ejemplo, sería 24 bits y 48 kHz. En la última fase de la postproducción (masterización) se debería llevar al formato final del medio cambiando la longitud de palabra y la frecuencia de muestreo.

El otro parámetro de calidad de la interfaz de audio digital es la *distorsión armónica;* que en este caso es de -110 dB THD+N (0.0003 %) a -1 dBFS. Este es un equipo profesional y los programas de audio se comunican con él sin tener que hacer nada especial, mediante los mecanismos que provee el sistema operativo y los programas de audio.

La interfaz de audio digital funciona como una cámara de cine: toma "fotogramas" de la señal de audio a intervalos regulares de tiempo. Con 24 tramas por segundo es suficiente para percibir el movimiento. En audio hacen falta, al menos 40 000. ¿Por qué? Para percibir el sonido y para poder reconstruirlo sin pérdidas. El intervalo de tiempo entre dos "fotogramas" de amplitud sucesivos se denomina período de muestro, T_S. El *muestreo* es el proceso de convertir una señal continua en discreta. En el audio digital no existe ninguna muestra intermedia; solo valores de amplitud tomados en los instantes de muestreo; es decir cada T_S segundos. La frecuencia de muestreo es el inverso del período de muestreo $f_s = \frac{1}{T_s}$.

El cine está formado por una serie de fotografías expuestas en secuencia; lo que se percibe como movimiento es, en realidad, una ilusión. Por debajo de 24 cuadros o fotogramas por segundo la percepción del movimiento no es continua. El cine exige un muestreo mayor o igual que 24 fotogramas por segundo. Observe que el *muestreo* corresponde a un valor de frecuencia: fotogramas por segundo.

Figura 14: Cronofotografía. Eadweard Muybridge

La Figura 15 ilustra el proceso de muestreo. Se desea muestrear correctamente la onda senoidal negra. Suponga que se muestrea con un período de muestreo $T_s = 2T$[9]. Los instantes de muestreo corresponden con la intersección de ambas ondas. Las muestras de dos ondas senoidales pueden ser idénticas (puntos rojos) solo cuando al menos una de ellas se encuentra a una frecuencia superior a la mitad de la frecuencia de muestreo. El muestreo resulta insuficiente, la onda reconstruida tiene el doble del período que la señal muestreada.

[9] Correspondiente a la onda senoidal roja. Esto es equivalente a muestrear con frecuencia de muestreo $f_s = \frac{f}{2}$, donde f es la frecuencia máxima que contenida en la señal.

Suponga que se muestrea con un período de muestreo $T_s = \frac{T}{3}$ ($f_s = 3f$); correspondiente a la onda senoidal azul. Las muestras son idénticas (puntos negros) cuando una de ellas se encuentra a una frecuencia superior al doble de la frecuencia de muestreo. El muestreo, en este caso, resulta suficiente.

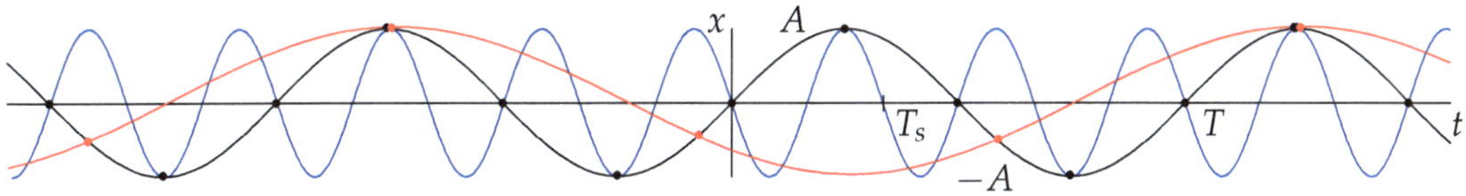

Figura 15: Muestreo.

El *teorema de muestro* o de Nyquist–Shannon estable el límite para el cual es posible reconstruir la onda a partir de sus muestras. La frecuencia de muestreo f_s tiene que mayor que el doble de la frecuencia f de la onda muestreada:

$$f_s > 2f. \tag{4}$$

Dicho de otra manera, para que la reconstrucción sea perfecta, $f < \frac{f_s}{2}$; aquí f es la frecuencia máxima que contiene la señal y es denominada *frecuencia de Nyquist*. De lo contrario ocurre solapamiento (*aliasing*), un efecto donde aparecen ondas senoidales de baja frecuencia que no existen; solo son producto de un muestreo incorrecto. En el ejemplo mostrado se trata de un solo armónico pero, en los sonidos complejos, que contienen muchos armónicos, para garantizar que se cumpla la ecuación 4, se debe *limitar en banda* la señal a muestrear, antes de ser muestreada. Esto se consigue con un filtro paso-bajo con frecuencia de corte menor a la frecuencia de Nyquist, $\frac{f_s}{2}$.

En un CD la frecuencia de muestreo es de 44 100 Hz. Recordando que el rango audible del sistema perceptual auditivo humano alcanza los 20 kHz, la frecuencia del CD cumple con el teorema de muestreo porque es mayor que la máxima frecuencia que se quiere capturar. El DAT utiliza 48 kHz.

El fenómeno de solapamiento, es el mismo que se aprecia cuando rota el aspa de un ventilador o el tapacubos de una rueda. Si la velocidad de rotación hace que el aspa (o tapacubos de la rueda) coincida en la misma posición en las sucesivas imágenes fijas, dará la sensación de que no se mueve; pero si el intervalo entre la llegada de las aspas no coincide con el intervalo de la cámara o con un múltiplo de él dará la impresión de giro hacia adelante o hacia atrás. La ilusión de movimiento hacia atrás se produce cuando la velocidad de rotación es tal que, entre el intervalo que media entre cada toma, cada aspa se mueve hasta casi la misma posición que ocupó en la toma anterior. De manera tal que, en cada imagen fija, muestra una posición más retrasada que en la anterior, dando la sensación de que la rotación se produce en sentido inverso.

La diferencia entre $\frac{f_s}{2}$ y la máxima frecuencia audible: 20 kHz, se utiliza para simplificar el filtro paso-bajo anti-alias. Los filtros no son ideales: la *banda de paso* no es plana, la *banda de transición* tiene cierto ancho, la *banda de rechazo* tampoco es plana. Pero usted no tiene nada de qué preocuparse. Todos estos mecanismos están integrados en la interfaz de audio digital y funcionan bajo los parámetros de calidad que garantiza el fabricante.

El único sentido que tiene muestrear con frecuencias mucho mayores que el doble de la frecuencia de Nyquist es reducir la complejidad del filtro anti-alias y aprovechar mejor la distribución del error de cuantificación. Esto se conoce como *sobremuestreo*. Si se muestrea, por ejemplo, a 96 kHz, el filtro paso-bajo anti alias puede tener una banda de transición entre 20 kHz y 48 kHz; dicho de otra manera, puede ser muy malo y esto es importante, porque se trata de un filtro físico. Sin embargo, después de la conversión analógica-digital, es posible aplicar un filtro paso-bajo digital mucho mejor (cercano al filtro ideal) para eliminar cualquier alias. A continuación, se disminuye la frecuencia de muestreo a la frecuencia a la mitad, por ejemplo. En el proceso inverso se interpola para aumentar al doble la frecuencia de muestreo, luego se realiza la conversión digital-analógica y, por último, se aplica un filtro paso-bajo de reconstrucción analógico.

Una vez muestreada la señal analógica en el tiempo aún se debe "muestrear" en el nivel; es decir, se debe aproximar el nivel real de la señal analógica, al nivel más próximo disponible discreto, determinado por el *número de bits de cuantificación*.

Suponga que se utiliza un solo bit de cuantificación. Esto significa que la señal discreta solo puede tener uno de dos valores $\{0, 1\}$. Si se tratara de cuantizar la cantidad de luz capturada en un fotograma, como el ejemplo de Muybridge de la Figura 14 se obtendría la imagen de la Figura 16. Como se puede apreciar, las imágenes de la Figura 16 no representan con fidelidad a las imágenes de la Figura 14. Pero se ha utilizado solo 1 bit.

El número de niveles de cuantificación está determinado por $q = 2^b$, donde b es el número de bits. Así, para $b = 8$, $q = 256$; para $b = 16$, $q = 65536$, para $b = 24$, $q = 16777216$. Para entender lo que esto significa, imagine que cada nivel de cuantificación ocupa el grueso de un folio. Si cada paquete contiene 500 folios, con $b = 8$ se tendría menos de la mitad de un paquete, con $b = 16$ se tendría $131,072$ paquetes, mientras que con $b = 24$ se tendrían $33554,432$, lo que requería unas cuantas plantas de un edificio para almacenarlos.

Figura 16: Cuantificación: 1 bit, 2 niveles.

El nivel de gris, por píxel, es equivalente al nivel de la señal de audio analógico. Cualquier señal continua tiene, en teoría, un número infinito de valores de nivel. Pero la señal discreta solo tiene un conjunto finito de valores. ¿Qué valor se debe elegir? El que represente un menor error de cuantificación; siendo $e(n) = \text{mín}\,|x(n) - x_q(n)|$, $n = 0, 1, \ldots$; el error en el instante $n = \lceil \frac{t}{T_s} \rceil$, $x(n)$ el audio muestreado y $x_q(n)$ el nivel discreto más próximo correspondiente.

Figura 17: Cuantificación: 3 bit, 8 niveles.

Observe que, con 3 bits, se tienen $2^3 = 8$ niveles de cuantificación; tampoco es suficiente, en cuanto no se representa correctamente la imagen de partida (Figura 14). El ojo humano es capaz de distinguir alrededor de 64 tonos de grises; pero, ¿cuántos niveles de grises son necesarios para escuchar con fidelidad un sonido? Aunque depende del rango dinámico, el oído tiene mayor sensibilidad que el ojo.

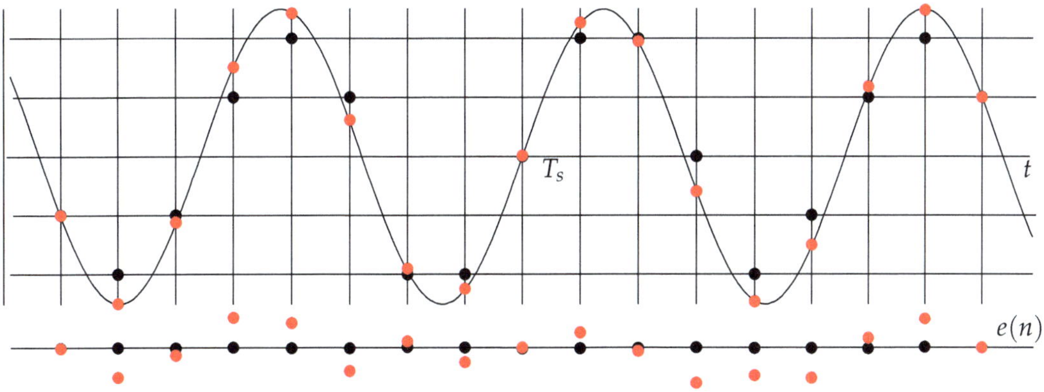

Figura 18: Cuantificación.

La Figura 18 muestra el proceso de cuantificación. $x(n)$ es la señal discreta; es decir, el tren de impulsos cuya amplitud indican los puntos rojos. $x_q(n)$ es la señal cuantizada: el tren de impulsos cuya amplitud indican los puntos negros que, como se puede observar, corresponden a los *niveles de cuantificación*. El número de bits determina la resolución mientras que la distancia mínima entre estos niveles de cuantificación se denomina *intervalo de cuantificación*. Cuanto mayor sea la resolución menor es el intervalo de cuantificación y mayor la fidelidad de la señal obtenida o, lo que es lo mismo, el *error de cuantificación*, $e(n)$, ilustrado al pie de la imagen, es menor.

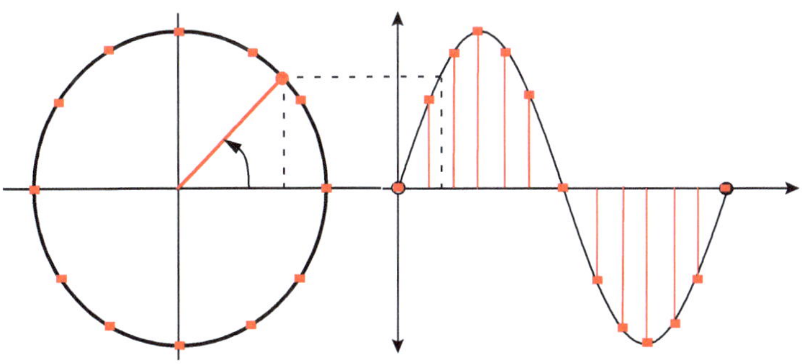

Figura 19: Resumen de los procesos de *muestreo* y *cuantificación*. Se puede entender como un vector que rota a la velocidad de muestreo y toma una muestra en cada ángulo marcado (correspondiente a un período de muestreo y, a su vez, la muestra solo puede valer uno de todos los posibles valores discretos.

El muestreo está relacionado con la asignación de muestras por unidad de tiempo, es decir: con la *discretización temporal*, y la cuantificación con la asignación de un número determinado de bits a cada muestra, es decir, con la *discretización de la amplitud* o nivel.

Después de la cuantificación es necesario un proceso de *codificación* que determina la correspondencia del código binario con cada nivel de cuantificación. La codificación más común es PCM (Pulse Code Modulated), establece una relación lineal entre el código binario y el nivel de cuantificación. Es un tipo de codificación sin pérdidas con el que trabajan la mayoría de las interfaces de audio digital.

Figura 20: Codificador de audio IP Deva DB90-TX.

Codificadores con pérdidas, como el que muestra la Figura 20, permiten la difusión del audio digital por las redes; pero no son adecuados para el procesamiento de audio digital profesional. La distorsión que sufre en sucesivas generaciones de compresión-descompresión es inaceptable.

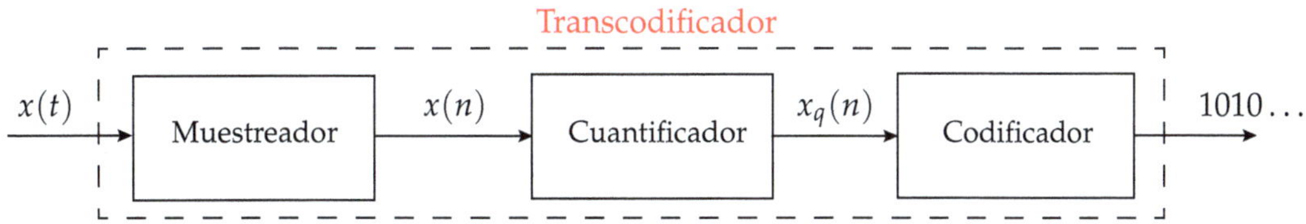

Figura 21: Transcodificación. Convertidor analógico-digital.

La Figura 21 muestra el diagrama de bloques general del transcodificador. Esto es lo que contiene la interfaz de audio digital para digitalizar el audio analógico en una ristra de números que pueden ser procesados, almacenados, transmitidos, etc. Resumiendo, la digitalización se basa en dos procesos de discretización: *muestreo* y *cuantificación* y en un proceso de *codificación*.

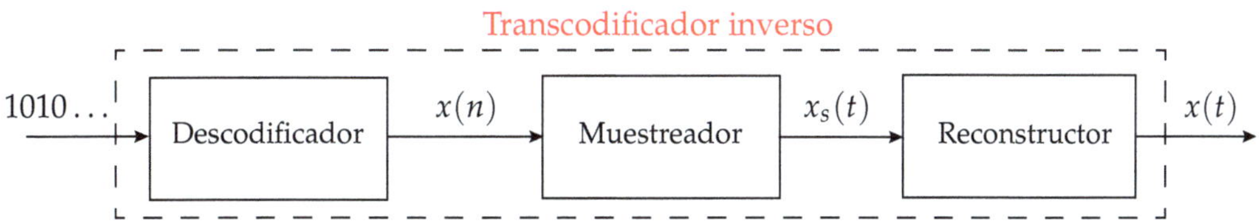

Figura 22: Transcodificación inversa. Convertidor digital-analógico

La Figura 22 muestra el camino inverso para convertir el audio digital en audio analógico. El muestreador convierte las muestras $x(n)$ en impulsos $x_s(t)$ con nivel analógico equivalente al valor digital y el reconstructor filtra el tren de impulsos para generar la señal analógica continua $x(t)$. El filtro de reconstrucción, al igual que el filtro anti-alias, es un filtro paso paso-bajo.

El efecto del filtro de reconstrucción puede ser visto como la superposición de funciones llamadas sinc, del tipo $y(x) = \frac{\sin \pi x}{\pi x}$, como muestra la Figura 23. La suma de todas las funciones da como resultado, si el error de cuantificación es despreciable (por ejemplo, si $b = 24$ bits), a la señal reconstruida sin pérdidas.

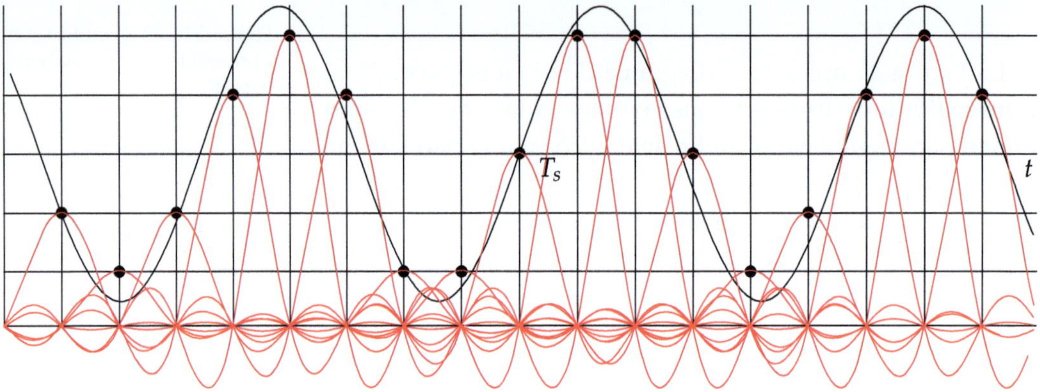

Figura 23: Reconstrucción. El audio analógico $x(t)$ reconstruido corresponde a la suma de funciones sinc centradas en cada instante de muestreo tal que:

$$x(t) = \sum_n x(n) \operatorname{sinc}\left(\frac{t - nT_s}{T_s}\right)$$

Esta es una breve historia del audio digital que termina en la interfaz de audio digital. Se suele utilizar la notación $x(n)$ para representar la secuencia de números que llamamos audio digital. Al conjunto de un ordenador o computadora más la interfaz de audio digital se le suele llamar *estación de trabajo de audio digital*, DAW, según sus siglas en inglés. Esto, más unos buenos monitores de campo cercano y un entorno acústico controlado, es todo lo necesario para conseguir un estudio de audio casero mucho más potente de cualquier estudio que hayan podido soñar The Beatles, e incluso Queen. El desarrollo tecnológico lo ha hecho posible.

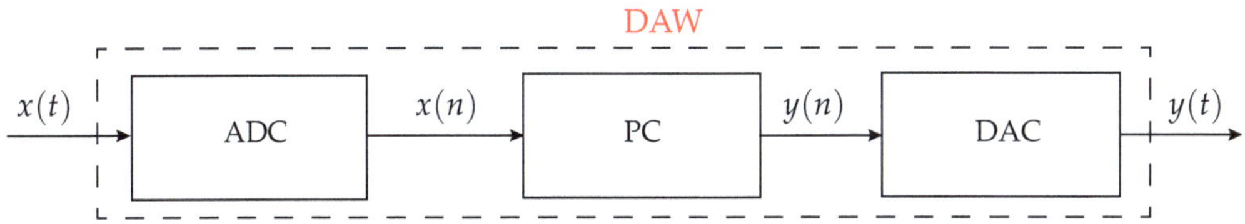

Figura 24: Estación de trabajo de audio digital (DAW, Digital Audio Workstation). Es posible que se encuentre con quien denomina DAW a algún programa secuenciador que permite la grabación multipista, pero esta definición no es correcta. DAW es un compendio *hardware-software* que permite trabajar el audio en el dominio digital.

Aunque el PC (Personal Computer) no afecte en modo alguno al sonido, imagine, por ejemplo, que $y(n) = 1x(n)$, es útil entender el mecanismo mediante el cual los programas intercambian audio digital con la interfaz de audio digital. Aunque la operación "no hacer nada" se pueda realizar muestra a muestra, el intercambio del audio digital entre los programas y la interfaz se realiza por bloques de tamaño múltiplo de una potencia de dos.Al lugar de intercambio de información entre ambos se le denomina *búfer* y es una especie de cola de entrada/salida que un proceso llena y otro vacía. Normalmente existen dos colas como mínimo (entrada/salida), pero también puede haber doble *búfer* de entrada/salida (esto depende de cada interfaz). El tiempo de retardo que existe entre la entrada $x(t)$ y la salida $y(t)$ se denomina *latencia*. Suele ser tolerable por debajo de 25 ms. La latencia total es la suma de la latencia de los conversores (ADC, DCA), más la latencia del PC. La latencia de los conversores, τ, es despreciable; está en el orden de 1 ms; así que depende fundamentalmente del PC y, en particular, del tamaño del búfer. Si es muy pequeño se producen chasquidos (el PC vacía el búfer antes de que la interfaz lo llene). Si es muy grande, se escucha casi como un eco. El cuello de botella de este sistema es el PC. Con un PC rápido y potente (multinúcleo) la latencia puede ser reducida a valores despreciables. La latencia puede ser calculada, tal que:

$$l = \frac{2N}{f_s} + \tau, \tag{5}$$

donde N es el tamaño del búfer, f_s la frecuencia de muestreo y τ la latencia de los conversores.

No solo el búfer es responsable de la latencia sino también el *controlador* o *driver* de audio; es decir, la pieza *software* encargada de comunicar *hardware* (interfaz) y *software* (PC). Existen y existirán distintos tipos de controladores producidos por unos y por otros fabricantes. Debe tener sumo cuidado en elegir el más eficiente.

ASIO (Audio Stream Input/Output), es un controlador de Steinberg que simplifica la comunicación entre el sistema de audio y la interfaz de audio, eliminando muchos intermediarios que generan latencia. Cada modelo/fabricante de interfaz crea los controladores de sus dispositivos basándose en el estándar ASIO pero, aunque el estándar es el mismo, los controladores no son intercambiables, incluso entre distintos modelos de una misma marca. ASIO4ALL es un controlador que se comporta básicamente como un controlador ASIO común, pero funciona con cualquier interfaz de audio, aún con las que vienen integradas en las placas madres genéricas.

La latencia no es un problema "universal"; es más crítica en la fase de producción, cuando se monitoriza en tiempo real, lo que se graba; en ese caso, se debe elegir el tamaño lo más pequeño posible. Tenga en cuenta que, una latencia de 10 ms equivale a una proyección de sonido de 343 ms^{-1} en una distancia de 3,5 m. En postproducción no es un problema porque se trata solo de reproducción[10]; de hecho, aquí es aconsejable aumentar la latencia para aumentar el rendimiento del PC (que así tiene más tiempo para procesar).

[10] No tiene la menor importancia que empiece unos milisegundos antes o después.

Objeto de audio

El audio que producen los instrumentos es mucho más complejo que un simple armónico y esto lleva directamente a retomar la idea de Schaeffer de *objeto sonoro* para aplicarla al *objeto de audio* digital.

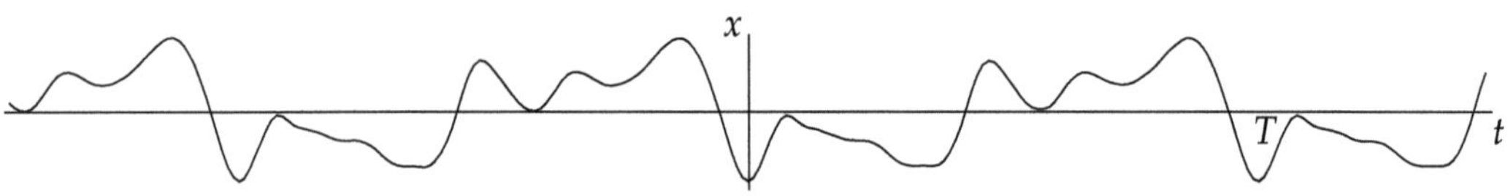

Figura 25: Representación de un fragmento de un clarinete. A este tipo de representación se le suele llamar *oscilograma*.

La Figura 25 muestra un pequeño fragmento de un sonido de clarinete en una zona estable. Observe que, al igual que la onda senoidal, presenta ciclos o patrones de repetición en el tiempo, pero aquí no son tan simples.

Los ciclos de compresión y rarefracción no son tan regulares. Esto es debido a la presencia de armónicos o sobretonos. Este sonido no tiene un solo armónico fundamental, sino un conjunto de armónicos con diferente nivel, fase inicial y frecuencias relacionadas con la fundamental por un múltiplo entero.

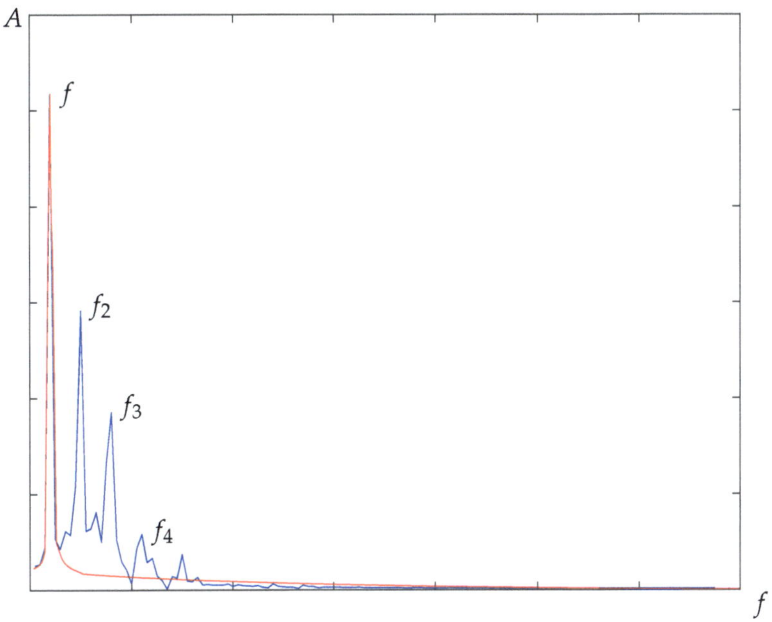

Figura 26: Representación del espectro de un fragmento de un clarinete. El eje de abscisas representa la frecuencia, mientras que el eje de ordenadas representa el nivel o amplitud. f es la frecuencia o tono fundamental, la que determina la *altura* de la nota; corresponde al primer armónico f_1, pero se le denomina, simplemente, f. La curva roja muestra el espectro de un armónico simple (seno) de frecuencia f.

El espectro que muestra la Figura 26 se puede representar como la descomposición en armónicos de la señal compleja de la Figura 25; es decir,

$$x(t) = \sum_{m=1}^{\infty} A_m \sin(2\pi f_m t + \phi_m) \tag{6}$$

Dos sonidos pueden tener la misma frecuencia fundamental, incluso con la misma amplitud y fase inicial; pero si comparten los mismos armónicos, con la misma amplitud y fase inicial, entonces se trata del mismo instrumento.

La distribución de los armónicos conforma el *timbre*; el sonido particular que produce un instrumento. Dos instrumentos pueden generar la misma nota; sin embargo el sonido es diferente porque la distribución de los armónicos es diferente.

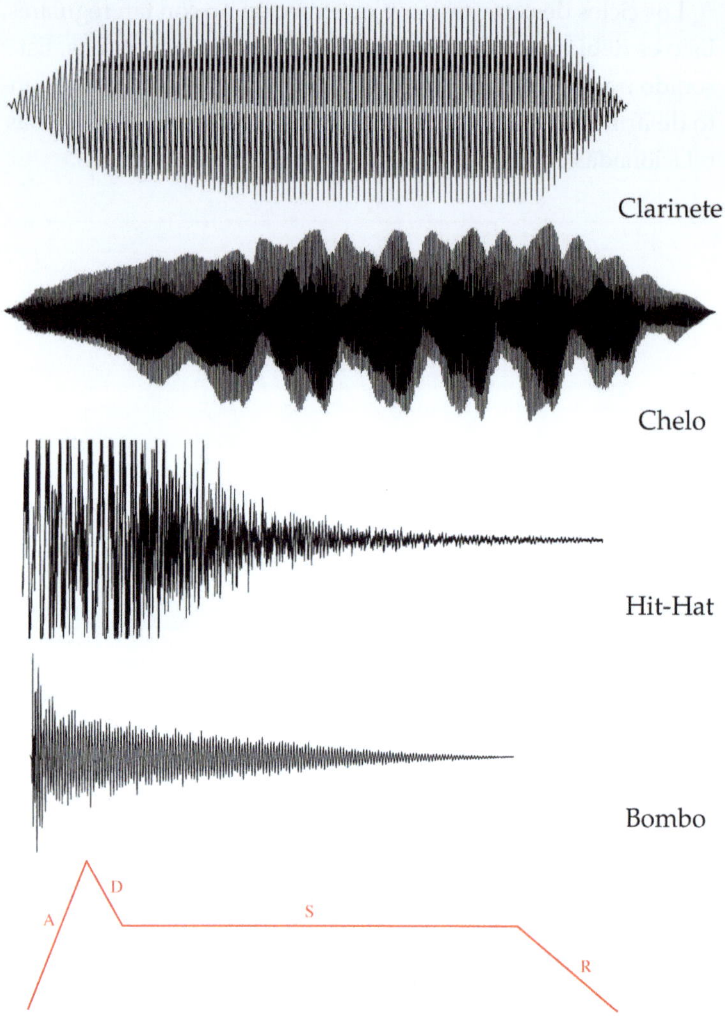

Figura 27: Envolvente de diferentes sonidos y curva ADSR.

Otra propiedad importante es la forma en que la energía evoluciona en el tiempo; esto es, la *dinámica* del sonido. La dinámica también determina la cualidad de un instrumento.

La dinámica básicamente está determinada por el ataque, desarrollo y desvanecimiento del sonido y suele ser simplificada por una curva ADSR (Attack, Decay, Sustain, Release), como la que muestra la parte inferior de la Figura 27. Observe que los sonidos percusivos (*hit-hat*, bombo) suelen tener un ataque rápido, mientras que el clarinete y el chelo tienen un ataque lento; producido por el retardo de vibración de la lengüeta de madera y la frotación del arco con la cuerda, respectivamente. En la Figura también se puede observar el efecto tremolante del chelo y que es en la etapa de mantenimiento donde la altura se mantiene estable. Los ataques suelen ser ruidosos y no tienen una altura claramente definida. El clarinete y el chelo pertenecen a la familia de sonidos armónicos, mientras que el bombo es débilmente armónico y el *hit-hat* no armónico (no existe ninguna estructura espectral). Existen también sonidos inarmónicos, como el sitar, con armónicos estables, pero no relacionados entre sí por un múltiplo entero.

En resumen, un objeto musical está determinado por tres atributos fundamentales que guardan determinada relación con su percepción:

Nivel–Volumen

Frecuencia–Altura

Duración–Figura

y también por otros dos atributos más complejos:

Timbre–Color (relacionado con la frecuencia)

Envolvente–Dinámica (relacionado con el nivel)

Cuando se habla de *nivel* normalmente se hace referencia a un valor estable en el tiempo (determinado, en general, por el valor RMS); sin embargo, la *dinámica* hace referencia a las variaciones de nivel en el tiempo.

Los atributos físicos son medibles y ponderables; los atributos perceptuales son, en general, no lineales y diferentes para cada individuo. Se pueden estimar, e incluso medir, pero están más relacionados con la percepción que con el fenómeno físico.

Análisis

La Figura 26, del capítulo anterior *Sonido, Señal, Audio*, página 45, muestra el espectro de un fragmento de clarinete. Pero, ¿qué es realmente el espectro? ¿Para qué sirve? El espectro es una herramienta de análisis en el dominio de la frecuencia y consiste en la descomposición de una señal periódica infinita en un conjunto infinito de armónicos simples. La síntesis es el proceso inverso: la suma o superposición del conjunto de armónicos simples produce una señal compleja.

El oído es capaz de dividir un tono compuesto en sus componentes según describió matemáticamente Fourier. A la teoría que explica esta asombrosa capacidad de separación de armónicos y tonos, se le conoce como *ley acústica de Ohm*.

Análisis y *síntesis* son dos herramientas, por lo tanto, complementarias. Se podría decir que el análisis permite reducir un objeto sonoro a un conjunto pequeño de atributos o parámetros, mientras que, la síntesis es el proceso inverso, la generación del objeto sonoro, a partir de ese conjunto básico de atributos.

El método de análisis más utilizado en audio es la *transformada de Fourier*. Esta transformada utiliza como funciones bases la onda senoidal; es decir, descompone cualquier señal compleja en un conjunto de armónicos u ondas senoidales simples como la que muestra la Figura 2. Aunque es la más utilizada, en realidad solo produce buenos resultados cuando tal descomposición es posible; es decir, con sonidos armónicos e inarmónicos. Existen otras bases que permiten realizar un análisis más dependiente del objeto sonoro.

La descomposición en senos, de sonidos débilmente armónicos y no armónicos, es mucho menos precisa; sobre todo para los sonidos impulsivos (que liberan gran cantidad de energía en un intervalo de tiempo muy pequeño). Para una señal cuadrada, la base senoidal de la transformada de Fourier es la opción menos adecuada.

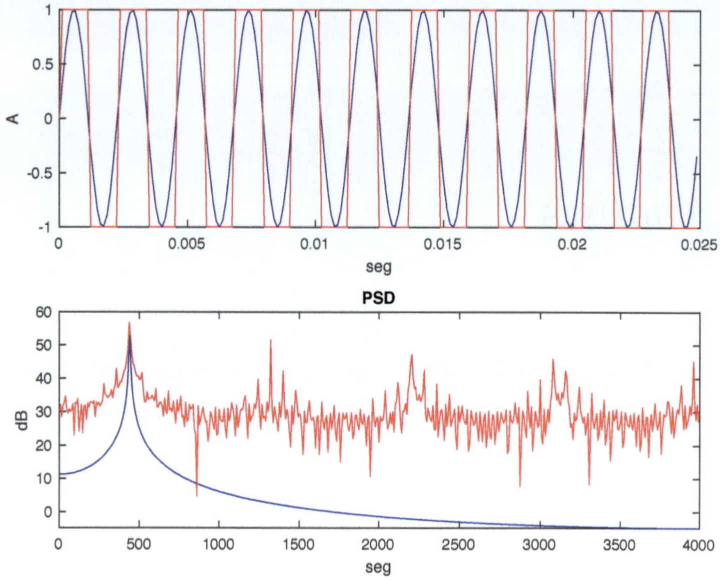

Figura 28: Comparación de onda senoidal (azul) y onda cuadrada (rojo) en el dominio temporal (arriba) y en el dominio espectral (abajo).

Es obvio que las funciones bases para construir una onda cuadrada compleja son las ondas cuadradas simples. Lo que produce esta representación se denomina *transformada de Walsh.*

La Figura 28 muestra una comparación entre estas ondas muy simples, pero en las antípodas: senoidal (azul), cuadrada (rojo). Observe que la densidad espectral de potencia (PSD, Power Spectral Density) del seno es muy simple (un pico); sin embargo, la de la onda cuadrada es ruidosa porque es prácticamente imposible construir una onda cuadrada sumando ondas senoidales simples.

Otro elemento importante del análisis que no puede ser obviado es que estas transformadas están definidas para señales periódicas infinitas. ¿Qué ocurre si cualquiera de los atributos de una señal varía en el tiempo? Pues que es necesario hacer un pequeño truco. Este artificio se llama *transformada localizada de Fourier* (STFT, Short Time Fourier Transform). El truco consiste en la selección de ventanas temporales, de determinada duración (cortas) y con cierto solapamiento, y suponer que la duración de tales fragmentos corresponde al período de una onda infinita.

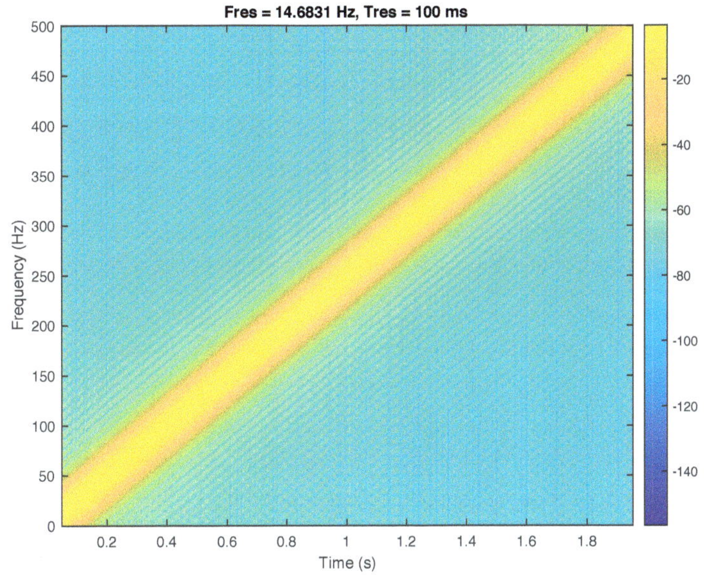

Figura 29: Espectrograma de un *chirp*: tono cuya frecuencia crece linealmente con el tiempo de 0 a 500 hertzios.

En esta representación, el eje de abscisas representa el tiempo, el eje de ordenadas la frecuencia y el color representa la potencia en dB; según la leyenda, en la columna a la derecha.

La Figura 30 representa la STFT de la nota de clarinete de la Figura 27, `C4` (+18 cents). La frecuencia fundamental es de 264.4731 Hz. Observe que el clarinete contiene armónicos pares e impares múltiplos de la fundamental y que los armónicos de orden superior solo están presentes en la etapa de mantenimiento, una vez que se estabilizan las vibraciones. La representación espectral o en el dominio de la frecuencia, proporciona mucha más información que la representación en el dominio del tiempo.

El *espectrograma* es el resultado de calcular el espectro de tramas enventanadas de una señal. También se puede visualizar como una gráfica tridimensional que representa la variación de la amplitud del contenido frecuencial de la señal en el tiempo.

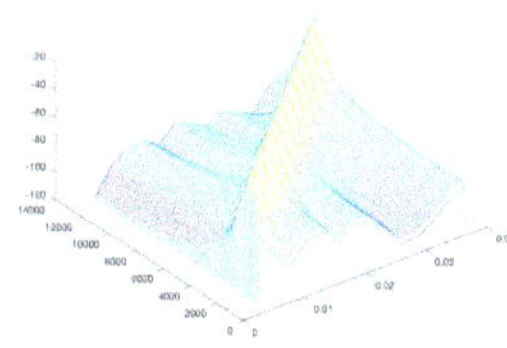

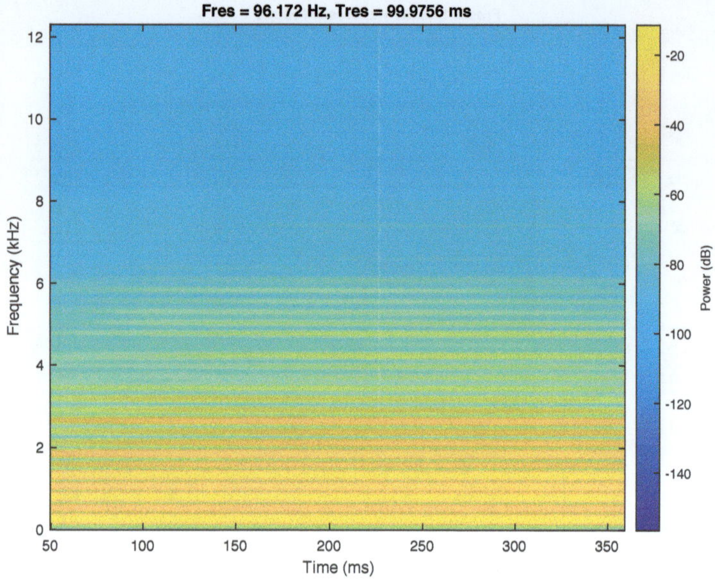

Figura 30: Espectrograma de una nota de clarinete. El *periodograma* muestra la densidad espectral de potencia, a diferencia de la amplitud.

Existen numerosas bases de transformación, cada una de ellas más apropiada a un tipo de señal que a otra; pero todas, sin excepción constituyen espacios ortogonales o descomposiciones que, por sus propiedades, poseen inversa. La transformada de Karhunen Loève, por ejemplo, extrae las bases de la propia señal (lo que se conoce como autovectores) y es muy apropiada para la compresión; es decir, para reducir considerablemente el tamaño de un archivo de audio.

Gran parte de la potencia del análisis está en el procesamiento en el dominio espectral. El *morphing*, el vocoder de fase, la substracción espectral, el *time-stretch*, son algunos ejemplos de procesamiento en el dominio de la frecuencia. Esto es fundamental para cualquier estudio relacionado con la polifonía.

Estas herramientas de análisis se basan en propiedades matemáticas, pero no tienen relación con el sistema perceptual auditivo. El *análisis coclear* simula el comportamiento del sistema perceptual auditivo. Los órganos y mecanismos que permiten la escucha son muy complejos y no del todo conocidos. Las ondas de presión sonora que se propagan por el aire inciden en el pabellón auditivo y viajan, a través del oído externo, hasta el tímpano (una membrana muy fina en la frontera del oído medio). El oído medio contiene una cadena de huesecillos que actúa como transductora de las vibraciones que llegan desde el exterior.

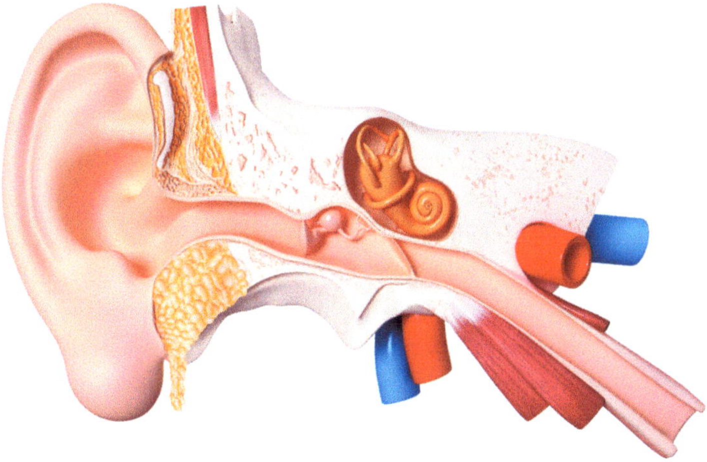

Figura 31: Sistema auditivo periférico. Transductor mecánico-eléctrico que transmite el sonido desde el pabellón auricular del oído externo a las primeras neuronas del nervio auditivo. Cada parte del sistema juega un rol en la transmisión.

El oído medio está cerrado herméticamente; aunque dispone de un canal que comunica con la garganta llamado trompa de Eustaquio. La apertura de este durante breves lapsos de tiempo compensa los excesos o defectos de presión y sirve al oído como conducto de drenaje. Los huesecillos del oído medio (martillo, yunque y estribo), actúan como un sistema de palancas y comunican la vibración mecánica desde el tímpano (sobre el que se apoya el martillo) hasta la cóclea o caracol, a través de la ventana oval (sobre la cual se apoya el estribo). La cóclea es el único órgano responsable de la audición en el oído interno. En ella se produce la conversión (mecánico-eléctrica) de la señal analógica a miles de señales nerviosas que viajarán por el nervio auditivo hacia el cerebro. Estas señales, que por la naturaleza neuronal son de tipo digital (trenes de impulsos), codifican adecuadamente toda la información de interés de la señal original para que el cerebro pueda interpretarla.

La cóclea es una estructura, con forma de tubo cónico alargado, enrollada sobre sí misma en forma de espiral. Si se observa una sección transversal de la cóclea se pueden apreciar las tres cámaras que la recorren en toda su longitud: dos canales y el conducto coclear. La cóclea está llena de líquido (una especie de solución salina) y rodeada por paredes óseas rígidas. Apoyado en la membrana basilar se encuentra el complejo y delicado órgano de Corti, que contiene varias filas de diminutas células vellosas a las cuales se conectan las fibras nerviosas. Cada fila de células vellosas contiene unas 7000 células, con un total de 24000 células en varias filas. Cada célula vellosa posee numerosos cilios, que se doblan cuando la membrana basilar responde a un sonido, y desencadena una señal nerviosa en el nervio auditivo. En la cóclea tiene lugar un análisis espectral. En función de la frecuencia de la señal, la vibración se localiza a lo largo de la membrana basilar excitando unas u otras fibras nerviosas (correspondientes a las diferentes frecuencias).

El concepto de las bandas críticas fue introducido por Harvey Fletcheren en 1931 y refinado en 1940. Describe el ancho de banda de frecuencia del "filtro auditivo" creado por la cóclea, el órgano del sentido de la audición dentro del oído interno. Aproximadamente, una banda crítica es una banda de frecuencias audibles dentro de la cual un segundo tono interfiere con la percepción del primero por medio del enmascaramiento sonoro.

Cuanto mayor es la amplitud de la vibración, mayor es el número de fibras nerviosas estimuladas. Según el patrón de vibración en el interior de la cóclea, la respuesta de cada fibra nerviosa corresponde a la de un resonador selectivo sintonizado a diferentes frecuencias en función de la posición que ocupa cada terminación nerviosa a lo largo de la membrana basilar (*teoría del lugar*). Las bandas de filtrado no son lo suficientemente estrechas para justificar la percepción precisa del tono y se denominan *bandas críticas*.

El modelo auditivo de Richard F. Lyon[11] se basa en un modelo de línea de transmisión de la membrana basilar, seguido de varias etapas de adaptación. El modelo coclear de Stephanie Seneff es una alternativa de análisis cloquear que combina un banco de filtros de bandas críticas con modelos de detección y control automático de ganancia.

[11] Este modelo puede representar el sonido en una fina escala temporal (probabilidades de un disparo del nervio auditivo) o en escalas temporales más largas, características del espectrograma.

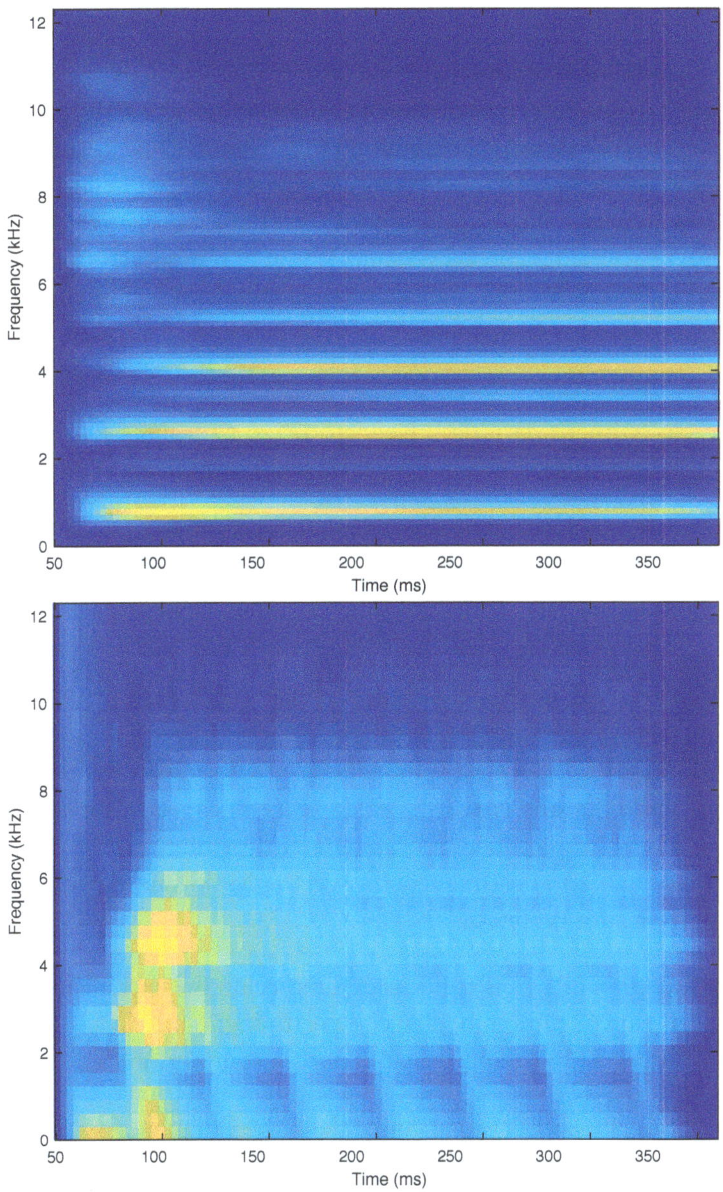

Figura 32: Análisis cloquear según el modelo de oído pasivo de Lyon (arriba) y según el modelo de Seneff (abajo) de una nota de clarinete.

Características

Una *característica* o rasgo de interés (*feature*) [Collins, 2010, p. 100] [Lerch, 2012, pp. 36–63] es un atributo o descriptor del sonido relacionado con algún modelo espectral, perceptual o estadístico. La variación de las características, por lo tanto, es mucho más lenta que la del sonido que describe. A menudo están relacionadas con las ventanas o tramas temporales (*frames*), necesarias en el análisis espectral para tratar con señales que no son periódicas (estacionarias en sentido amplio).

Algunas de las características de bajo nivel son:

ZCR Número de cruces por cero (Zero Crossings Rate); da información acerca de si se trata de un sonido más o menos armónico.

RMS Amplitud eficaz (Root Mean Square).

Centroide espectral Medida estadística sobre el espectro.

Flujo espectral Cambio del espectro (*flux*) entre tramas.

Caída espectral Es posible modelar la envolvente espectral ajustándola a una curva. La caída (*fall-off*) espectral se ajusta a una simple línea que modela el desvanecimiento de la energía en altas frecuencias y actúa como una especie de indicador tímbrico.

Coeficientes LPC Las técnicas de predicción lineal (Linear Predicting Coding) modelan el espectro según un modelo muy simple filtro-fuente; muy útil para la compresión.

MFCCs Los coeficientes cepstrales (Mel-Frequency Cepstral Coefficients) se aproximan a los componentes principales del espectro y resultan un descriptor útil del timbre; este también da una idea de la altura.

Asimetría Mide la asimetría (*skewness*). Momento central de tercer orden. Este valor es cero si la distribución es simétrica, negativo para distribuciones con masa centrada a la izquierda y positivo para distribuciones con masa centrada a la derecha.

Curtosis Momento central de cuarto orden. Es una medida de la gaussianidad del periodograma. Indica la planaridad respecto a la Gaussiana.

Estas características son alimento de procesos sofisticados, agrupados bajo el paraguas de extracción de información musical (MIR, Music Information Retrieval); algo que sirve para reconocer patrones, detectar plagios e incluso estimar si una canción puede llegar a convertirse en un éxito (*hit*) [team, 2011].

Algunas de las características de alto nivel son:

Localización Detección del tiempo de inicio (*onset*) de un objeto sonoro.

Altura (monofonía) Estimación de la frecuencia fundamental de un objeto sonoro.

Melodía Transcripción de un conjunto de objetos sonoros, en notas discretas.

Atura (polifonía) Detección de voces simultáneas.

Reconocimiento de clave y acordes Detección de la armonía.

Extracción de pulso y ritmo Determinación del tempo, de la localización de los pulsos y otras estructuras métricas y de patrones rítmicos.

Reconocimiento de instrumentos Categorización tímbrica.

Estas características de alto nivel, son obtenidas a través de las características de bajo nivel y son fundamentales para el análisis musical.

Síntesis

La *síntesis* es un proceso complementario al análisis. La síntesis produce audio digital a partir un conjunto determinado de atributos y procesos. En principio, cualquier proceso capaz de generar una onda periódica, es un *sintetizador*; ya sea la escala del ciclo de las manchas solares, la vibración de una partícula cuando choca con otra, la trayectoria de un trineo en la nieve, etc. Lo que ocurre es que no todos los sonidos despiertan el mismo interés. De hecho, una discusión interesante es: ¿por qué algunas sonidos tardan más en envejecer?, ¿por qué algunos aburren pronto?, ¿por qué algunos son insoportables?, ¿por qué algunos son más preciados por los músicos que otros?, etc.

Síntesis substractiva

Los sintetizadores analógicos producen objetos de audio analógico (señales eléctricas) mientras que los sintetizadores digitales producen objetos de audio digital (datos, información, muestras).

Bob Moog fue el primero en crear sintetizadores analógicos modulares: constituidos por diferentes bloques que realizan determinadas funciones específicas y que pueden interconectarse entre sí.

Figura 33: Bob Moog rodeado de sus sintetizadores analógicos. El sintetizador modular Moog (Moog Modular Synthesizer), fue presentado en sociedad en otoño de 1964, en una demostración durante la convención de la AES (Audio Engineering Society) celebrada en Los Ángeles (California). El sintetizador Moog se hizo popular cuando Wendy Carlos editó el álbum de estudio *Switched-On Bach*, en 1968: el primer álbum que usó sintetizadores como alternativa a la orquesta.

La modularización supuso una evolución importante en el audio: la posibilidad de configurar los diferentes módulos de procesamiento del audio a voluntad del músico.

Los sintetizadores modulares analógicos están compuestos por un conjunto reducido de circuitos con funciones bien definidas, controladas por señales eléctricas. Existen dos tipos de señales por lo tanto: las señales de audio y las señales de control de síntesis.

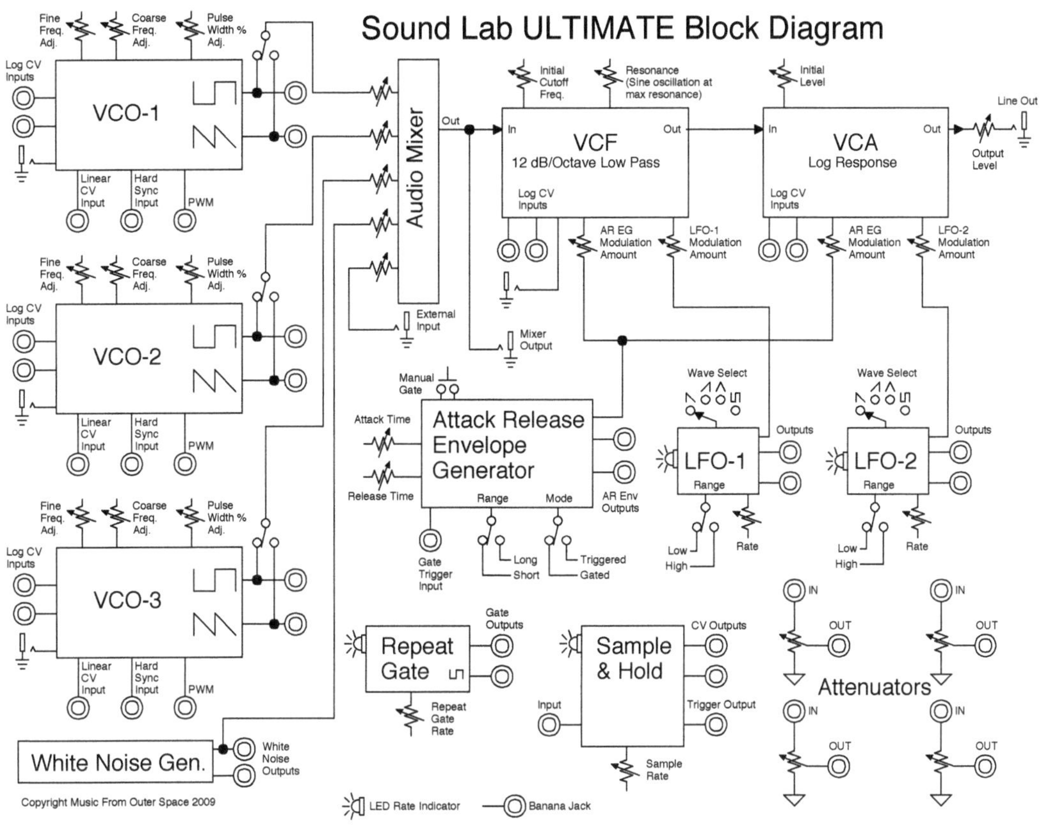

Figura 34: Diagrama de bloques del laboratorio de sonido ULTIMATE. `http://musicfromouterspace.com/analogsynth_new/SOUNDLAB_ULTIMATE/page2.html`

El ejemplo que muestra la Figura 34 muestra el diagrama de bloques de un sintetizador analógico modular. Las conexiones se realizan mediante pequeños cables telefónicos, tipo banana o bantam.

Los módulos o componentes básicos son:

LFO Oscilador de baja frecuencia. Se utiliza como señal de control. Normalmente permite seleccionar entre diferentes de ondas periódicas simples: senoidal, cuadrada, diente de sierra (ascendente/descente), triangular. La frecuencia no suele superar los 20 Hz (son señales inaudibles).

VCO Oscilador controlado por voltaje. Generador de señales simples: onda cuadrada, diente de sierra, senoidal, ruido blanco, etc.

Existe distintos tipos de filtros: paso-bajo, paso-alto, paso-banda, muesca (paso-banda invertido), paso-todo, etc. El paso-bajo, por ejemplo, deja pasar todas las frecuencias con determinada ganancia o atenuación hasta una frecuencia de corte (a partir de la cual todas las frecuencias son rechazadas).

VCF Filtro controlado por voltaje. Varía la estructura espectral de una señal. La idea principal de la síntesis substractiva está precisamente en esculpir, mediante filtros, señales de espectro ancho.

VCA Amplificador controlado por voltaje.

ADSR Generador de envolvente.

Observe que hay módulos que permiten generar señales y módulos que permiten procesarla o transformarla. La modularización es un ejemplo en el cual, mediante estructuras muy simples, se pueden crear estructuras sonoras complejas; imagine las posibilidades que ofrece el poder establecer rutas o flujos de audio y de control a voluntad.

Este tipo de síntesis es atractiva por generar sonidos "gruesos", con texturas "orgánicas" o "rugosas". Se emplea mucho para bajos o sonidos sintéticos que no pretenden emular ningún instrumento real.

La *síntesis substractiva* permite generar sonidos mediante el procesamiento o transformación de señales complejas (amplio espectro). Se denomina substractiva porque parte de una señal rica, entiéndase con gran contenido armónico, que se puede modificar o esculpir espectral y energéticamente a voluntad.

Una vez la tecnología del audio digital fue posible, los sintetizadores modulares cambiaron los circuitos de control por circuitos digitales; lo que permitió, por ejemplo, introducir secuenciadores, arpegiadores, etc., y, finalmente, la programación directamente en el dominio digital.

Figura 35: Substractor. Módulo digital de emulación de síntesis analógica de Reason, Propellerheads.

El emulador de síntesis substractiva de Reason, como se puede observar en la Figura 35 tiene dos VCO (OSC) más una generador de ruido, dos LFO, dos VCF (FILTER), tres ADSR, etc.

Figura 36: Sintetizador modular virtual open-source VCV Rack. `https://vcvrack.com`

Muchos de los emuladores virtuales, como Substractor o VCV Rack simulan incluso la conexiones de los cables.

Síntesis aditiva

La *síntesis aditiva* parte de la estructura espectral de los sonidos armónicos. En los sonidos armónicos la altura está determinada por la frecuencia fundamental y el timbre por la amplitud y fase inicial de los armónicos o sobretonos cuya frecuencia es múltiplo entero de la fundamental. La síntesis aditiva puede ser vista como la suma de un gran número de osciladores, según la ecuación 6, página 45, con determina amplitud A_m, frecuencia f_m y fase inicial ϕ_m.

Un caso especial de la síntesis aditiva es la *resíntesis*. En la resíntesis: se analiza un sonido y se extraen los parámetros de todos sus armónicos, se realizan pequeñas transformaciones sobre estos parámetros, por último se sintetiza de vuelta el sonido.

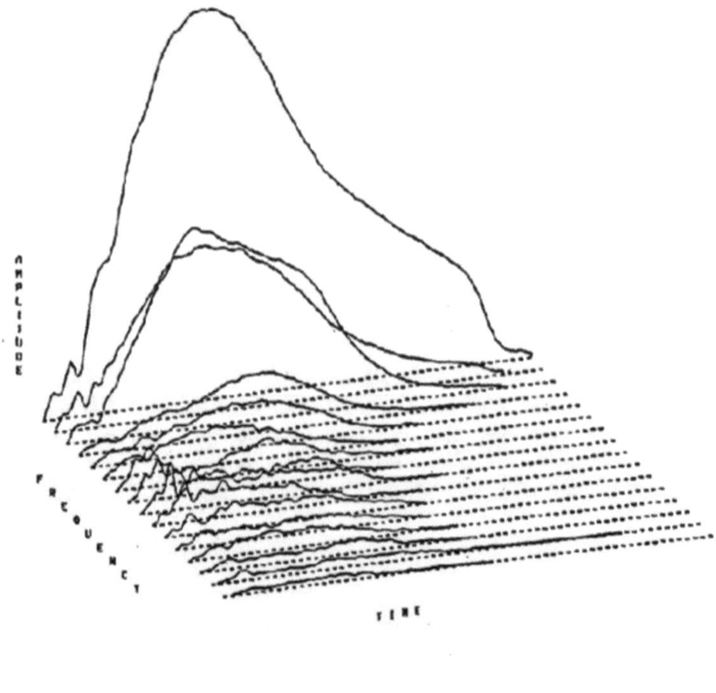

Figura 37: Naturaleza de los parciales de envolventes de amplitud, tesis doctoral de John Grey, 1975, CCRMA Tech. Reports 1 & 2.

La síntesis aditiva lo que hace, simplemente, es mezclar (sumar) estos armónicos. Cada armónico tiene determinada amplitud A_m, incluso puede tener determinada fase inicial ϕ_m y en los casos más complejos cada armónico puede tener su propia envolvente (como muestra el espectrograma de la Figura 30, la envolvente de cada armónico no es la misma en la temprana investigación de John Grey, Figura 37). Por esta razón también se le denomina *síntesis senoidal*, aunque nada impide que se aplique con la suma de otras funciones bases.

El proceso análisis-síntesis facilita la reconstrucción sintética de los sonidos naturales. El sonido sintetizado puede modificarse a voluntad. Es suficiente modificar la amplitud, frecuencia o fase inicial, de uno o varios componentes armónicos de un sonido para cambiar su timbre. Por lo tanto, es posible obtener nuevos sonidos sintéticos partiendo de los sonidos existentes en la naturaleza.

Con este tipo de síntesis es posible reconstruir el timbre de cualquier instrumento convencional; sin embargo, para que el sonido sea creíble, es necesario tener en cuenta un gran número de osciladores. Los sintetizadores comerciales suelen utilizar 64 o 128 osciladores.

Síntesis por tabla de ondas

La síntesis por tabla de ondas se basa en la reproducción de sonidos grabados y almacenados en una tabla. Una tabla, no es más que la zona de memoria que ocupa la grabación de un sonido. Si la tabla se reproduce a la misma frecuencia (velocidad) a la que se grabó, el sonido será exactamente el mismo grabado; sin embargo si se altera la velocidad de reproducción de la tabla, la altura cambia (sube si la velocidad es mayor, baja si la velocidad es menor).

Observe que la síntesis aditiva, en el fondo, mezcla la salida de un número finito de tablas de ondas, cada una múltiplo de la fundamental con determinada amplitud o, en su defecto, utiliza una sola tabla a diferente velocidad y afecta la amplitud según corresponda.

La síntesis por tabla de ondas es similar a la síntesis aditiva. En realidad, el sintetizador aditivo no calcula el valor de cada armónico, en cada instante, en tiempo real, sino que almacena un ciclo entero en memoria y lo recorre a diferente velocidad, multiplicando por el valor de nivel adecuado. Se puede decir que la implementación de un oscilador se realiza mediante una tabla de ondas (*lookup table*). Cuanto más alta sea la velocidad más alta es frecuencia.

Observe que la velocidad de reproducción de una tabla de ondas altera también la duración del sonido.

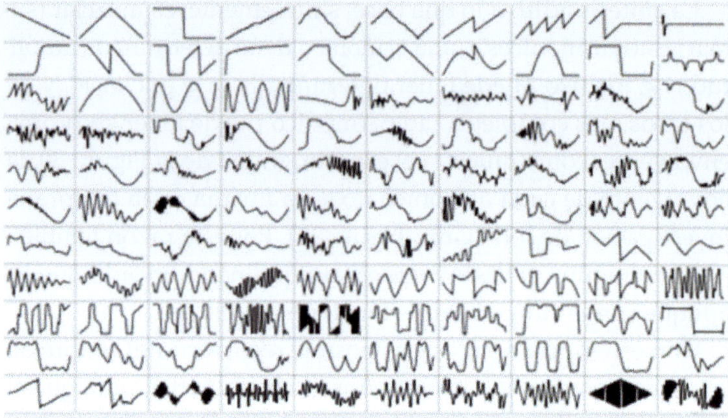

Figura 38: Tablas de ondas básicas.

Si en lugar de una onda simple, se carga la tabla con una onda compleja (como puede ser el sonido grabado de cualquier instrumento) se pueden conseguir sonidos muy realistas. Por eso también se le suele llamar *síntesis PCM*[12]. El timbre de los sonidos cambia, a menudo, en dependencia de la energía con que se produce la nota. Dicho de otra manera, el mismo LA central de un piano tiene un timbre diferente cuando suena *piano* que cuando suena *forte*. Para conseguir mayor realismo, se almacena la misma nota tocada a diferentes niveles y el sintetizador elige entre una tabla u otra, en dependencia del nivel con que se desea que suene.

[12] Recuerde que PCM son las siglas en inglés de modulación de impulsos codificados (Pulse Code Modulation).

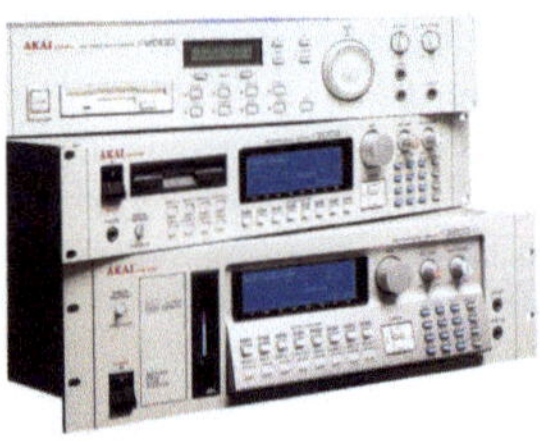

Figura 39: Samplers pioneros de Akai.

Al sintetizador de tabla de ondas se le suele llamar *sampler* o muestreador y *giga-sampler* al sintetizador que almacena todas y cada una de las muestras de cada nota; además, a diferente nivel. Si desea recrear un instrumento real, esta es la técnica de síntesis más adecuada; también la más costosa[13].

[13] En términos computacionales.

SoundFont, marca registrada de E-mu Systems, Inc., es un formato de archivo y una tecnología asociada para cerrar la brecha entre grabación digital y síntesis de audio, especialmente para los propósitos de composición musical por ordenador.

Un archivo SoundFont almacena un conjunto de instrumentos sintetizados por tabla de ondas. Cada muestra (tabla) tiene asociada una nota principal (*key*) y un rango de notas.

Figura 40: NN-XT y Dr Octo Rex. Módulos *sampler* de Reason, Propellerheads.

REX, desarrollado por Propellerheads, es otro formato de archivo de muestras con otras prestaciones.

El formato REX divide la tabla en muestras a las que asigna puntos específicos de golpe (*hit points*) y que puede tratar de forma independiente; estos *hit points* suelen determinar ciertos picos importantes de las formas de audio y delimitar segmentos rítmicos. Durante la reproducción los programas en la DAW esclavizan estos puntos a su rejilla de tempo y alargan o encogen tales fragmentos mediante técnicas de *time stretch*. Los bucles (*loops*[14]) almacenados en un archivo REX son, por lo tanto, independientes del tempo. REX es ideal para trabajar con muestras percusivas, que poseen transitorios muy marcados, extremos, como es el caso de los bucles de batería y los fragmentos grabados de percusión.

[14] Un *loop* o bucle no es más que un fragmento de sonido, normalmente almacenado en una tabla, que se repite.

Síntesis granular

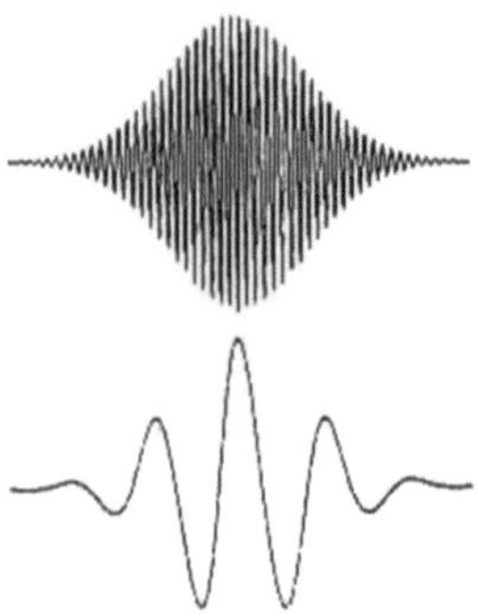

Figura 41: Granos de alta y baja frecuencia. En este caso fragmentos senoidales enventanados por una función de tipo campana o gaussiana.

Si la síntesis aditiva parte de la idea de superponer ondas simples, la síntesis granular superpone un gran número *granos* sonoros. Un grano sonoro es un fragmento de sonido de muy corta duración (entre 5 y 100 ms). A estas pequeñas explosiones de energía encapsuladas en una envolvente y agrupadas en conjuntos mayores se les denomina también *partículas* o *cuantos*. Existen diferentes estrategias de agrupación. A estos granos se les aplica envolventes suaves para evitar *clicks;* todos los granos empiezan y terminan con amplitud cero. Es una técnica "puntillística" y dado el gran número de granos que se maneja, se hace de forma estadística.

La complejidad de los sonidos se consigue mezclando una gran cantidad de granos simples; los sonidos obtenidos están muy lejos de los sonidos naturales o de los sonidos de los instrumentos. La mayoría de los programas usan atributos como: forma de la envolvente, sonido (tabla), frecuencia y duración del grano, retardo entre granos y localización espacial (en el estéreo, por ejemplo).

Figura 42: Grain. Módulo de síntesis granular de Reason, Propellerheads.

Síntesis por modelado físico

La *síntesis por modelado físico* es puramente matemática. La producción de sonido de cada instrumento puede ser explicada mediante ecuaciones matemáticas que modelan su estructura de excitación y vibración. La gran ventaja del modelado físico es que permite parametrizar el sonido en función de los atributos físicos de un instrumento. Para sintetizar una guitarra, por ejemplo, se construye un modelo de vibración que incluye parámetros de la forma y volumen, material, grosor, etc., del resonador; materiales, grosor, elasticidad, etc., de las cuerdas y así un largo etcétera. Una vez modelado el instrumento, es posible cambiar cualquiera de estos parámetros y así obtener un nuevo instrumento.

Suponga, por ejemplo, una guitarra construida de hueso, de tres metros cúbicos de volumen, con cuerdas de un centímetro de grosor. Con técnica de modelado físico es fácil explorar la posibilidad de nuevos (y exóticos) instrumentos; además de simular, con toda la precisión con que sea capaz de expresar el modelo matemático, cualquier instrumento real.

Existen diferentes métodos o estrategias de modelado físico.

Una cuerda puede ser modelada por una serie de masas conectadas mediante muelles. Si se aplica una fuerza en algún punto de la cuerda, las masa correspondiente a ese punto se desplaza de su posición de equilibrio inicial y propaga la perturbación a las masas vecinas y se genera el movimiento de una onda a través de la masas. El compromiso entre la densidad y la elasticidad de una masa determina la velocidad de propagación, la resistencia del modelo a la perturbación y el tiempo que tarda en regresar a su equilibrio. Un membrana se simula con una red de masas.

Modelo masa-muelles Emula el comportamiento de un dispositivo acústico mediante una red de unidades mecánicas interconectadas de tipo masa-muelle. Esta red se traduce computacionalmente a un conjunto de ecuaciones diferenciales cuya solución describe las ondas que produce el modelo [Miranda, 2002, p. 99]. Este enfoque captura dos propiedades físicas esenciales de un medio en vibración media: *densidad* y *elasticidad* de la masa.

Síntesis por guía de ondas Una guía de onda es cualquier estructura física que guía ondas electromagnéticas. La síntesis se basa en la ecuación de onda que representa la situación a modelar. Para una cuerda, por ejemplo, se parte de la solución de D'lambert para la ecuación de onda; en la cual, la onda viajera tiene dos componentes que se desplazan en sentidos opuestos hacia los extremos de la cuerda (la onda que se desplaza hacia la derecha y la que se desplaza hacia la izquierda). Se discretiza en tiempo (período de muestro, T_S) y posición (fragmentos de igual longitud) y se implementa; lo que constituye, en definitiva, un conjunto de filtros más o menos simples.

Soluciones analíticas y numéricas Solución de las ecuaciones acústicas que determinan el comportamiento de un instrumento.

Modo Bass, de IK Multimedia, recrea mediante síntesis por modelado físico el proceso completo de interpretación en un bajo (en particular modela 12 tipos de bajos diferentes).

Figura 43: Bajos modelados por Modo Bass, de IK Multimedia.

El modelo de cada cuerda tiene en cuenta la interacción con el diapasón, el cuerpo y las pastillas, y por supuesto la actuación del bajista en determinadas áreas de la cuerda con diferentes materiales y técnicas.

A los doce modelos de bajo disponibles hay que añadir la elección del tipo de toque: *finger*, *slap*, o *pick* (moviendo la púa hacia arriba, abajo o alternativamente), a los que puede sumarse, cuando se desee, la acción *mute*. También es seleccionable el punto de ataque a la cuerda, desplazándolo desde el puente al cuello. Se puede especificar el número de cuerdas (4 o 5) y parámetros tales como calibre, envejecimiento, tipo de construcción (entorchado plano, entorchado redondo, etc.) para poder así definir el timbre y el *sustain*. Hay opción de ubicar un diapasón, e incluso de alargar-acortar el propio mástil, o de regular la mayor o menor presencia de sonido de trastes como cuando las cuerdas están a menor o mayor altura respecto al mástil. También es posible elegir la posición y tipo de pastillas (una o dos, con veinte tipos para elegir) y el uso o no de micrófono piezoeléctrico en el puente.

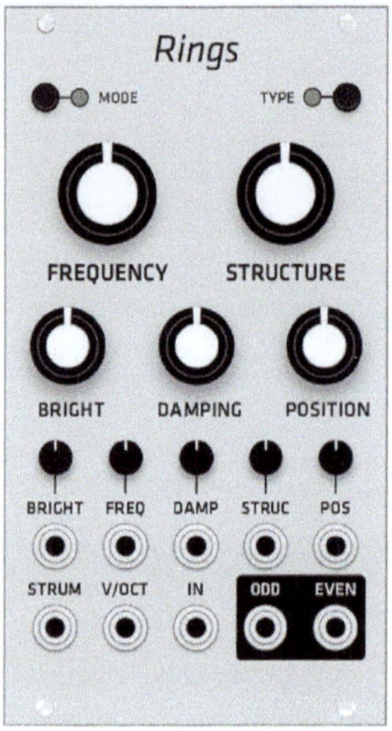

Figura 44: Sintetizador modular Doepfer A-100.

Figura 45: Chromaphone 2, de Applied Acoustic Systems (AAS). Puede imitar un conjunto de materiales: cuerda, haz, marimba, membrana, placa metálica y tubos abiertos y cerrados.

El problema de los algoritmos de modelado físico es que requieren del control de una gran cantidad de parámetros para que suenen convincentes lo que supone una gran complejidad de manejo.

Síntesis por modulación de frecuencia

La *síntesis FM* se basa en la modulación de frecuencia. Una señal controla la frecuencia de otra señal. FM significa *frecuencia modulada*.

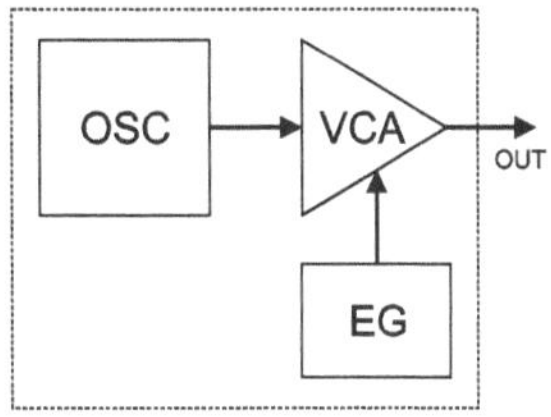

Figura 46: Módulo FM.

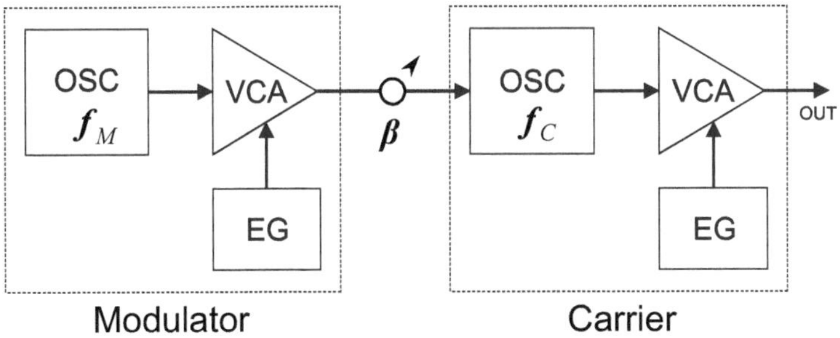

Figura 47: Operador básico FM. En telecomunicaciones es habitual que una onda *portadora* (de alta frecuencia) sea modulada en amplitud (AM) o en frecuencia (FM) por una onda *moduladora* (de baja frecuencia).

La Figura 47 muestra el esquema de un operador FM, el cual está formado formado por dos módulos: uno que funciona como *portador* (*carrier*) y el otro como *modulador* (*modulator*). Observe que la señal que produce el modulador F_M controla, a través del parámetro β, la frecuencia de oscilación F_C de la señal portadora. El sonido que genera un operador es más complejo que el sonido que genera el oscilador; pero no es suficientemente complejo.

Para conseguir sonidos complejos habitualmente se conectan varios operadores en lo que se denominan *algoritmos*. Estos 32 ejemplos de algoritmos, formados a partir de solo 6 operadores, generan sonidos complejos. La síntesis FM, descubierta por John Chowning en 1967, democratizó la venta de sintetizadores. En 1973, la Universidad de Stanford vendió la licencia de su descubrimiento a la empresa japonesa Yamaha y en 1983 Yamaha vendió el sintetizador digital DX7 a un precio asequible.

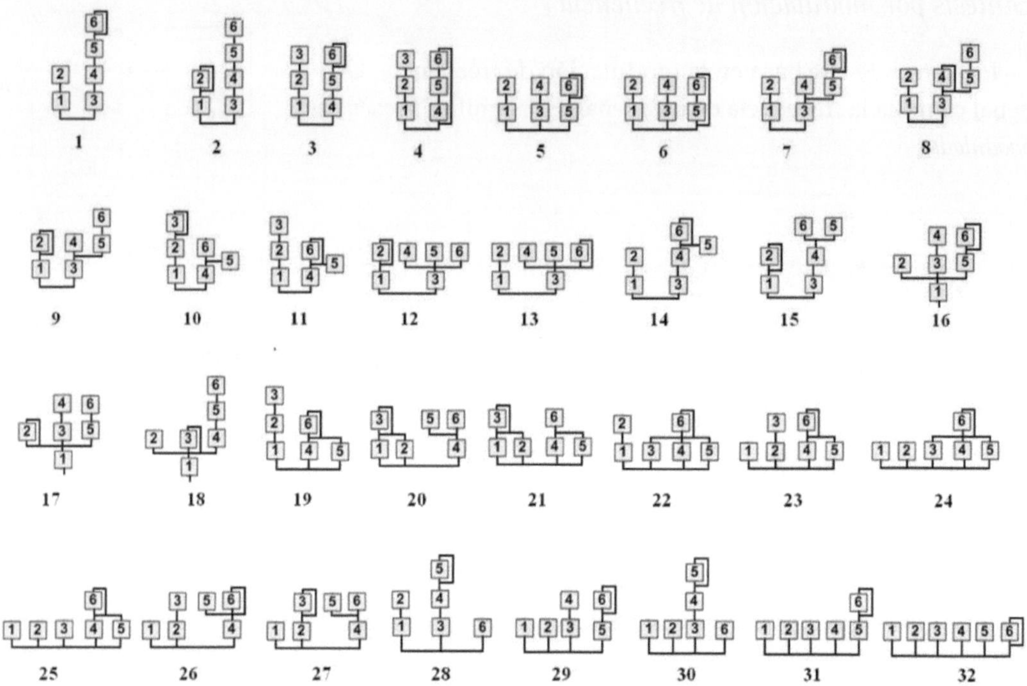

Figura 48: Algoritmos FM.

La síntesis FM es barata, de hecho la mayoría de las interfaces de sonido de los PCs llevan incluido un *chip* que genera sonido por síntesis FM, pero configurar un algoritmo para generar un sonido aceptable no es tarea fácil. Los parámetros de cada operador no se corresponden con ningún parámetro de un instrumento convencional por lo que una mínima variación de un valor puede conseguir cambios drásticos de timbre. Por otra parte, no produce sonidos naturales de instrumentos convencionales. Su uso es más interesante, quizá, para crear sonidos claramente artificiales.

Otros tipos de síntesis

Estos no son los únicos tipos de síntesis, aunque sí, los más comunes en los sintetizadores comerciales.

Waveshaping es un método de síntesis que produce armónicos relacionados entre sí por un múltiplo entero, a partir de una función base senoidal simple y de un polinomio de orden M, denominado de Chebyshev; dicho de otra manera, esta técnica no varía la amplitud o la fase, sino la *forma*. El conformador de onda (*waveshaper*) es un procesador no lineal aplicado mediante una función de transferencia, tal que: $y(n) = \mathcal{T}\{x(n)\}$. La solución analítica de la ecuación $\mathcal{T}_k(\cos\varphi) = \cos k\varphi$, con $\varphi = \cos 2\pi f n$, está dada por polinomios de Chebyshev de k-ésimo orden y primer-tipo permite generar el armónico k-ésimo; tal que:

$$
\begin{aligned}
\mathcal{T}_0(x) &= 1\\
\mathcal{T}_1(x) &= x\\
\mathcal{T}_2(x) &= 2x^2 - 1\\
\mathcal{T}_3(x) &= 4x^3 - 3x\\
\mathcal{T}_4(x) &= 8x^4 - 8x^2 + 1\\
\mathcal{T}_5(x) &= 16x^5 - 20x^3 + 5x\\
\mathcal{T}_6(x) &= 32x^6 - 48x^4 + 18x^2 - 1\\
\mathcal{T}_7(x) &= 64x^7 - 112x^5 + 56x^3 - 7x\\
\mathcal{T}_8(x) &= 128x^8 - 256x^6 + 160x^4 - 32x^2 + 1
\end{aligned}
$$

donde $x = \cos\varphi$. La Figura 49 muestra la evaluación de $\mathcal{T}_k(x)$, para $x \in [-1, +1]$.

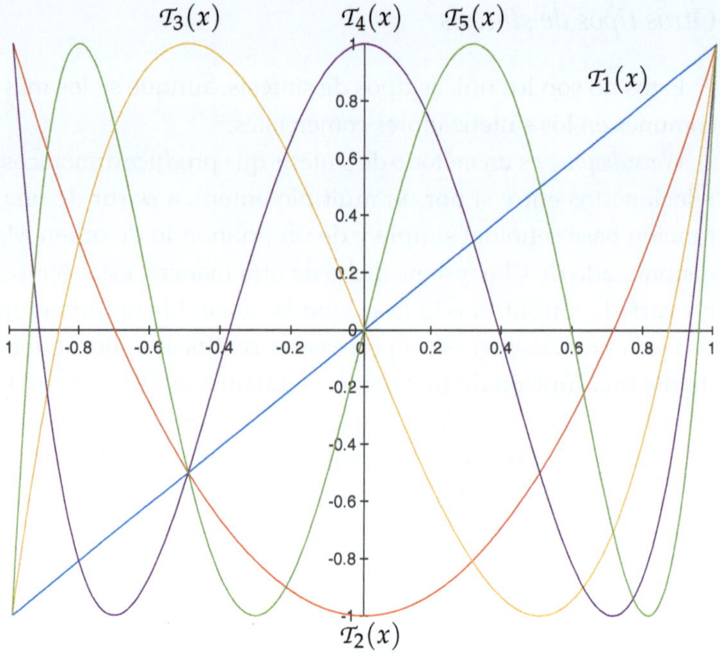

Figura 49: Primeros cinco armónicos de Chebyshev.

Esta formulación permite controlar la cantidad de armónicos pare e impares, desde el más bajo hasta el más alto, y su proximidad o dispersión, sin afectar los parciales individuales.

Para sumar un amplio rango de armónicos, desde el i-ésimo hasta el n-ésimo armónico, por ejemplo, se debe hacer una suma ponderada, tal que:

$$\mathcal{T}(x) = \sum_{k=i}^{n} a_k \mathcal{T}_k(x). \tag{7}$$

La Figura 50 muestra un ejemplo de función de *waveshaping* que aporta dos armónicos: $k = [2,4]$. $\mathcal{T}(x)$ es la función de transferencia. La entrada se "proyecta" en la salida, según $y(n) = \mathcal{T}\{x(n)\}$. Como se puede observar, la salida solo contiene el segundo y cuarto armónico de la entrada, sin la fundamental del origen.

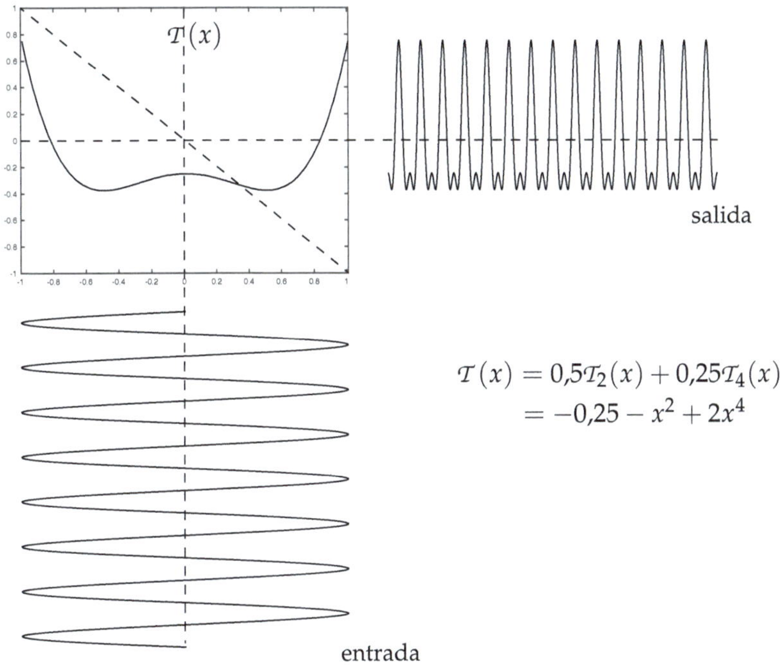

Figura 50: Ejemplo.

Korg 01W fue un sintetizador basado en *waveshaping* producido en 1991.

Figura 51: Sintetizador por *waveshaping*, Korg 01W.

Observe que, a partir de una función de transferencia, es posible distorsionar la onda de entrada al valor de salida que se desee.

Los polinomios de Chebyshev resultan muy útiles porque producen armónicos relacionados con la fundamental por un múltiplo entero, pero la función de transferencia puede ser de la forma que se desee. Si la función de transferencia satura por encima y por debajo de cierto umbral, es capaz de convertir una onda senoidal en una onda cuadrada; es decir, un armónico, se convierte en un conjunto infinito de armónicos. En definitiva, la función de transferencia manipula la fase.

La *distorsión de fase* usa una tabla que relaciona la fase de la entrada con la fase de la salida; es decir, una función modula la fase de otra.

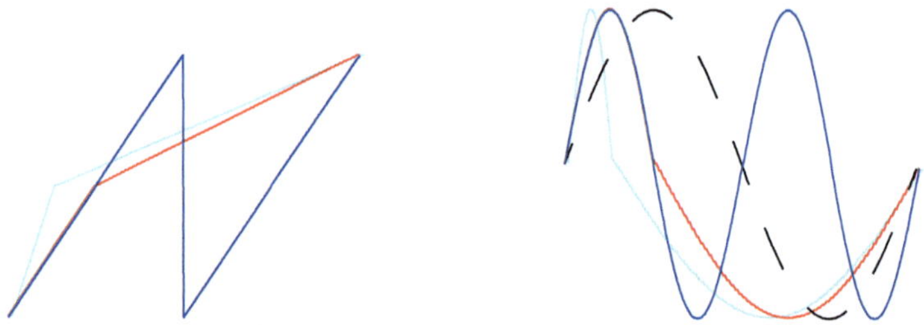

Figura 52: Distorsión de fase. La onda senoidal, representada con línea de puntos, es modificada por la fase de las tablas de fases de la izquierda. A la derecha se muestran las salidas. Fue introducida por Casio en 1984, con el sintetizador CZ1.

El ruido blanco es una señal aleatoria que tiene componentes espectrales en todo el espectro. Los valores de esta señal en dos instantes de tiempos cualesquiera no guardan correlación estadística.

La *síntesis por modelado espectral* (SMS, Spectral Modeling Synthesis) [Serra and Smith, 1989] considera un sonido armónico como una combinación de una parte armónica (determinista) y una parte no armónica, ruido (estocástica). Este es un caso especial de *resíntesis* que identifica los picos de los armónicos del espectro de un sonido (señal armónica sin ruido o *residuos*) y los coeficientes de un filtro variante en el tiempo que modela ruido blanco.

Este tipo de modelado es útil para modelar sonidos armónicos y también para la voz. Recrea sonidos de instrumentos reales mediante una combinación reducida de atributos. Este modelo también es útil para realizar *morphing* entre dos sonidos mediante la interpolación de la parte determinística.

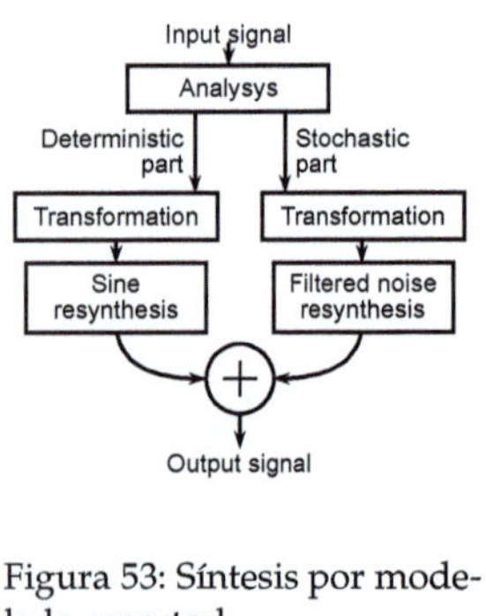

Figura 53: Síntesis por modelado espectral.

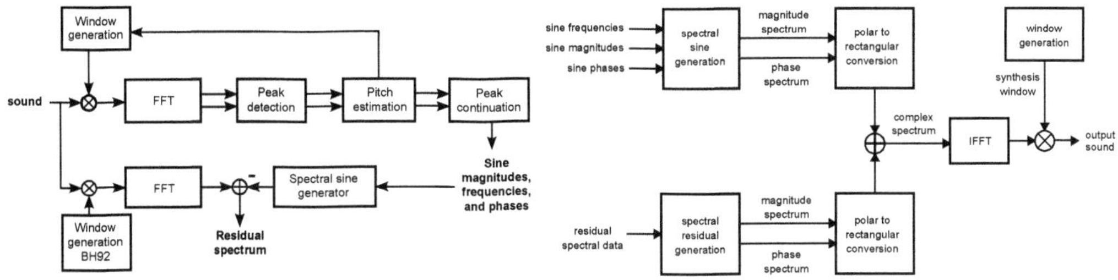

Figura 54: Diagrama de análisis y síntesis del SMS.

Implementación

La mayoría de los programas secuenciadores (aquellos programas que permiten grabar y reproducir audio digital, como si de un grabador/reproductor multipista se tratara), traen de serie uno o varios sintetizadores que implemente algún tipo de técnica como las que se han ilustrado en este libro pero, permite la adición de cualquier sintetizador desarrollado por terceros, a través de enchufables (*plugins*), en general, VST.

Existen plugins para casi cualquier tipo de síntesis imaginable o combinaciones; algunos comerciales, otros gratuitos. También existe la posibilidad, para usuarios avanzados de diseñar y usar, como plugin VST, cualquier método de síntesis o efecto. Los hay gráficos como MAX-MSP (Miller Puckette, IRCAM, 1998), Pure Data (Miller Puckette, 1996), SuperCollider (James McCartney, 1996), Reaktor (Native Instruments, 1996), The Grid (Bitwig Studio, 2019), Reason (Propellerhead, 2001), etc. Los hay programables como CSound (Barry Vercoe, MIT, 1985), ChucK (Ge Wang, 2002), Reaper JS ReaScript (Cockos, 2004). Cabbage, por ejemplo, es una herramienta para el desarrollo de *software* de audio basado en en lenguaje Csound.

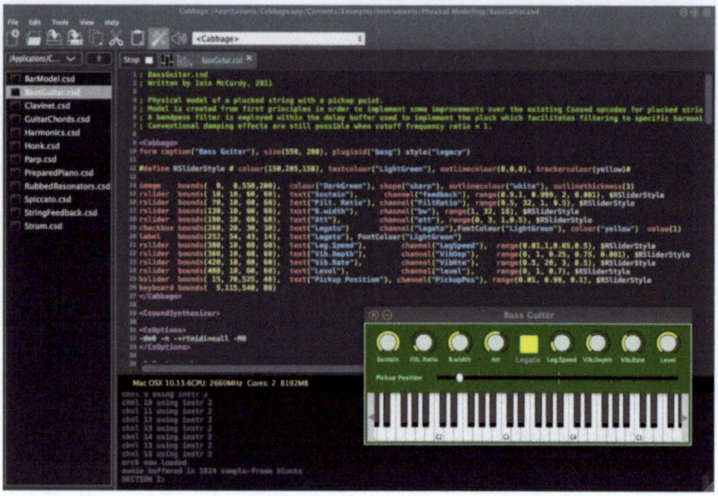

Figura 55: Cabbage, entorno de programación CSound + *plugin*.

Csound es un lenguaje de programación para crear, editar, analizar y componer sonido y música que data de los años 70. CSound es extremadamente potente y es un proyecto *open software* muy utilizado en universidades y en proyectos de investigación. Con Cabbage, cualquier programa CSound puede ser incluido, via plugin VST, en cualquier programa secuenciador (como Reaper, Cubase, Reason, Logic, Sonar, Ableton Live, etc.). ChucK es una buena alternativa a CSound que permite la interacción con cualquier tipo de módulo *hardware* o *software* via protocolo OSC (Open Sound Control).

Efectos

El camino que sigue el audio digital desde que entra de la interfaz hasta que sale se denomina *flujo* (*flow*). El audio fluye desde la entrada a través de programas, *plugins* (que no dejan de ser otros programas), hasta la salida. El audio que generan los sintetizadores *software* no; ese audio fluye desde el mismo núcleo del procesador hasta la salida. También el audio almacenado en un disco duro o una memoria de estado sólido fluye hasta la salida. No se trata, por lo tanto de un único flujo, sino de múltiples flujos, desde cada canal de entrada de la interfaz de audio digital, desde cada archivo, desde cada sintetizador *software* que fluye por determinados caminos, se mezcla con otros, se transforma hasta llegar a un archivo o algún canal de salida de la interfaz. Esos caminos suelen ser denominados *buses*, al proceso que desvía o envía parte de ese audio hacia alguno de estos buses, *enrutamiento* y a todos los procesos o transformaciones intermedias que sufre: *efectos*. Dicho de otra manera, el audio digital, entre la entrada y la salida de la interfaz de audio digital, fluye a través de rutas virtuales siguiendo determinado enrutamiento, pasa a través de efectos, y entra y sale a dispositivos de almacenamiento.

Una *inserción* es un desvío de un flujo de audio hacia un procesador de efectos que luego se mezcla con el propio flujo. En dependencia de la cantidad de mezcla se suele hablar de mezcla húmeda (*wet*) o seca *dry*.

En ninguno de ambos casos, la cantidad de flujo que regresa de la inserción se mezcla con el flujo que entra. En un proceso *wet* solo hay efecto. En un proceso *dry* no hay efecto. Entre medias se combina qué cantidad de efecto y no efecto se mezclan de forma complementaria; por ejemplo, 60 % versus 40 %.

Un *auxiliar* o *grupo* es un desvío del cual los flujos que le entran van directamente a una salida. Todos los procesadores de una inserción afectan solo a ese flujo de audio. Todos los procesadores de un auxiliar o grupo afectan a todos los flujos que llegan al bus. Los auxiliares y grupos son muy similares, aunque la salidas de los grupos suelen llegar hasta un *master* o general, mientras que las salidas de los auxiliares pueden llegar hasta los grupos.

El dispositivo que gestiona los flujos de audio se denomina *mesa de mezclas*; a pesar de que la mezcla es solo una de las muchas funciones que realiza. Una mesa de mezcla digital emula el comportamiento de una mesa de mezcla analógica; los buses aquí no son líneas físicas en un circuito impreso o cables de interconexión, sino estructuras de datos que se mueven de un sitio de memoria a otro (sea blanda o dura).

La mesa de mezclas es el corazón de una DAW, el centro neurálgico que coordina que el audio fluya por el camino correcto. En realidad los grupos y los auxiliares funcionan tan parecidos que se pueden ver como la implementación de dos mesas diferentes en una. De hecho, en los directos se suelen usar los auxiliares para el monitorizado personalizado de todos los flujos a cada músico. Los flujos individuales están asociados al concepto de *canal*. Así, cada canal tiene su punto de inserción y puede ser enrutado hacia cualquier auxiliares y grupo, pudiendo determinar la cantidad de nivel que se envía a cada uno de manera independiente. Los auxiliares pueden retornar a otros canales o a un grupo y los grupos se mezclan en el bus maestro o *master*. Los grupos y el master suelen tener también puntos de inserción.

Figura 56: Buses en Reason.

Ambos, auxiliares y grupos, contienen mezclas de diferentes canales. Se suelen usar para voces, batería, etc.; de manera tal, que pueda ser manipulado como una especie de submezcla.

La Figura 56 muestra el mezclador y su equivalente *hardware*. Arriba a la izquierda se encuentra la representación de la interfaz de audio, `HARDWARE INTERFACE`, con todas sus entradas-salidas, `AUDIO I/O`. El módulo `MASTER SECTION`, con sus 8 envíos-retorno (*send-return*), está conectado a la salida y todos los mezcladores (*mixer*) están conectados directamente a él.

Reason emula graficamente el comportamiento de los módulos *software*, como si fuesen *hardware*, lo que simplifica considerablemente el enrutamiento.

Un mezclador en Reason es equivalente a un grupo. Cada canal de audio en Reason está asociado a un mezclador y, a su vez, los mezcladores se pueden agrupar a otro grupo, antes de salir al maestro.

En la zona de derecha, Reason presenta una vista frontal de lo que es su mesa de mezclas (aquí solo se muestra una representación parcial). En la última columna de la derecha se puede ver cómo está organizado un canal o grupo de Reason. Primero hay un módulo de entrada `IN` donde se puede regular la ganancia, etc.; a continuación una sección de procesamiento de dinámica `DYN` y otra de ecualización `EQ` y luego lo que sí se muestra en la Figura: la sección de inserción `INS` y la sección de auxiliares `FX` (observe que está dividida en `SEND` y `FX RETURN`). Por último los controles habituales de un canal: control de panorámica, *solo*, *mute* y control de nivel.

La *automatización* es, sin duda, una de los herramientas más potentes del audio digital. Automatizar es definir cómo debe variar un parámetro de cualquier elemento de un secuenciador; ya sea un atributo de una pista (como volumen, pan, solo, mute, etc.) o de un efecto (como el tiempo de reverberación en una reverb, la proporción *wet-dry*, etc.).

Observe que es posible automatizar todos y cada uno de los parámetros de una mesa de mezcla; por lo que se puede controlar con el nivel de detalle que se desee todo el proceso. La mezcla se puede escuchar a través de la salida del bus maestro a la interfaz de audio pero, cuando se desee convertir a un archivo WAV, solo es necesario realizar un *render* o volcado de todos los procesos sobre dos pistas de audio: canal izquierdo y canal derecho. Es posible hacer una mezcla multicanal a través de los auxiliares o los grupos.

Los buses traen de serie (y esto también es común en muchas mesas de mezcla analógicas) una sección de *dinámica* y otra de *ecualización* porque son fundamentales y prioritarias, pero es posible agregar cualquier efecto que se desee en la sección `FX`.

Cualquier músico sabe lo importante que son los efectos. Un instrumento no suele ser solo un instrumento, sino la combinación del instrumento, una cadena de efectos y el amplificador.

La Figura 57 muestra una configuración de pedalera común para un guitarrista. Aquí se combinan efectos, de diferentes marcas, normalmente en secuencia, para generar el sonido «total», el timbre que dará un sello característico al músico y a la banda.

Figura 57: Pedalera de guitarra.

Los efectos, en general, son algoritmos de procesamiento de señal que transforman la señal de audio (analógico o digital), para variar algunos de sus atributos fundamentales: nivel-volumen, frecuencia-altura, fase, envolvente-dinámica, timbre-color o la localización en el campo sonoro.

Todos los efectos tienen determinados parámetros que permiten variar el modo en que afecta al sonido. El *chorus* de la Figura 58 tiene solo tres parámetros: *intensity* (volumen): control del volumen de salida general; *rate* (velocidad): control de la velocidad del LFO. A mayor velocidad, mayor modulación del tono. Las frecuencias de los LFO generalmente están entre los 0,1 y 8 Hz; *width* (profundidad, intensidad, anchura o desafinación): control de la magnitud del efecto; es decir, cuán intenso, profundo o ancho es el vibrato de la señal húmeda (*wet*), o bien, cuán desafinada es la copia de la señal original.

Figura 58: Pedal de coro Rivulet.

Dispone de un conector micro USB para actualizar el *firmware*, convertidores ADC/DCA a 96 kHz/24 bits convertidor AD/DA, DSP coma flotante de 32 bits, latencia cero y más de 100 dB de rango dinámico.

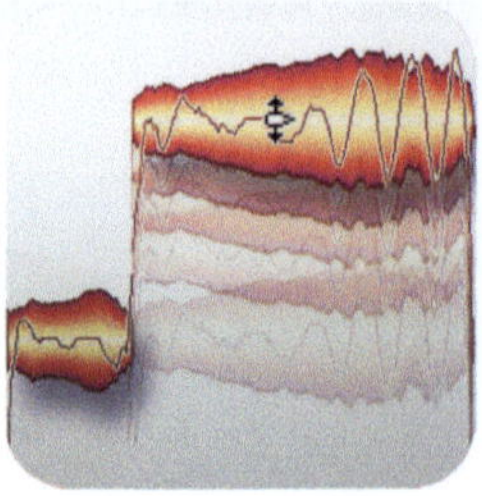

Figura 59: Icono de Melodyne, de Celemony. Representación de un objeto sonoro. Melodyne aplica transformaciones mixtas como el cambio de duración, altura, nivel, etc., cambiando la forma del objeto gráfico de manera simple e intuitiva.

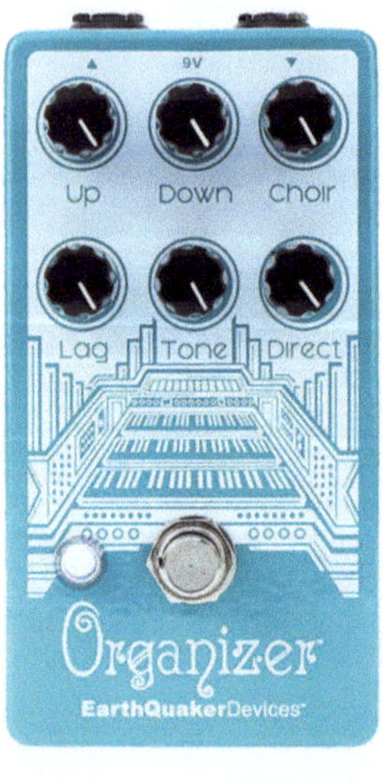

Figura 60: Organizar, EarthQuaker. Emulador de órgano.

Este *chorus* es digital, aunque funciona con entradas/salidas analógicas. En su versión real, los parámetros solo admiten un ajuste *manual* y estático, fijo; sin embargo, de tener una versión virtual, esos parámetros podrían ser *automatizados* (variar en el tiempo de forma programada) e incluso, podrían ser *automáticos* (variar en el tiempo según una señal proveniente de otro efecto). Esto es aplicable a cualquier otro efecto.

Los efectos también pueden ser realizados en el *dominio temporal*, en algún *dominio transformado* (espectral, por ejemplo) o algún *dominio mixto*, que podríamos llamar «dominio de los objetos»; donde el sonido es un ente que se puede alterar en tiempo-frecuencia-dinámica, una representación de la idea de objeto sonoro de Schaeffer.

Los efectos pueden alterar determinado atributo del audio: volumen, altura, duración, timbre, localización, etc., o un grupo de atributos. Un *pitch shifter*, por ejemplo, solo altera la altura; pero un *harmonizer* altera el timbre. La Figura 60 es un buen ejemplo de todo en uno.

En una DAW son muy comunes los *multiefectos* que, aunque funcionen como *plugins*, son verdaderas máquinas de procesamiento que permiten combinar efectos individuales en el orden que desee y modificar el audio, todo en uno. Un multiefecto *software* suele simular el comportamiento del *hardware* analógico y, al estilo de Reason, permite seleccionar los diferentes pedales virtuales como si fuesen reales. A menudo se suele pensar que los efectos digitales no superan en calidad a un efecto analógico, pero esto es otro mito urbano bastante extendido. Un procesador digital bien diseñado y programado puede simular el comportamiento de un efecto real. Es posible aplicar la misma filosofía que la síntesis por modelado físico para esto; solo que se trata de emular otro tipo de dispositivo por donde fluye audio. Existen emulaciones de todo tipo de amplificadores y efectos que cumplen satisfactoriamente con su encomienda.

Figura 61: Guitar Rig, Native Instruments. Multiefectos.

Existen procesadores convolutivos de todo tipo: amplificadores, altavoces, combos, micrófonos y de cualquier efecto que tenga una entrada y una salida para estimar la respuesta al impulso; se podría hablar de *procesos convolutivos* como algo genérico cuya particularidad viene dada por la respuesta al impulso.

Sin embargo, en el dominio digital, se podría "calcar" el comportamiento de un efecto real, mediante la identificación de la respuesta al impulso y un simple proceso de *convolución*. La *reverb* convolutiva es un buen ejemplo. Para simular la reverberación de un recinto se dispone de las respuestas al impulso de una gran variedad de salas reales que se aplican mediante el mismo proceso de convolución. Esto es aplicable a cualquier dispositivo susceptible de ser obtenida su respuesta al impulso. Para no entrar en detalles, piense que la respuesta al impulso es como la huella que deja un dispositivo sobre cualquier señal que le atraviese.

Procesadores de dinámica

Los efectos de dinámica actúan sobre el nivel del sonido, por lo que modifican su envolvente. Su funcionamiento se basa en monitorizar el nivel de entrada y determinar el nivel de salida según determinada *función de transferencia.*

Figura 62: Compresor Sonalksis SV-315Mk2.

La función de transferencia relaciona el nivel de entrada con el nivel de salida (a la izquierda en la Figura 62) y es precisamente la que determina el nombre del procesador de dinámica: puerta de ruido, compresor, expansor *upward* o *downward*, *ducker*, limitador, *de-esser*, etc.

La Figura 63 muestra los parámetros típicos de la función de transferencia. En este caso muestra un *compresor* porque el rango dinámico de salida (eje de ordenadas) es menor que el rango dinámico de entrada (eje de abscisas). En general, la función puede tener cualquier forma, pero suele ser muy simple y estar compuesta por segmentos de líneas rectas.

La función de dinámica es una función de transferencia, como se puede ver en la Figura 63, que relaciona valores de amplitud de la entrada con valores de amplitud de salida. Existen dos controles fundamentales: *umbral* y *ratio*.

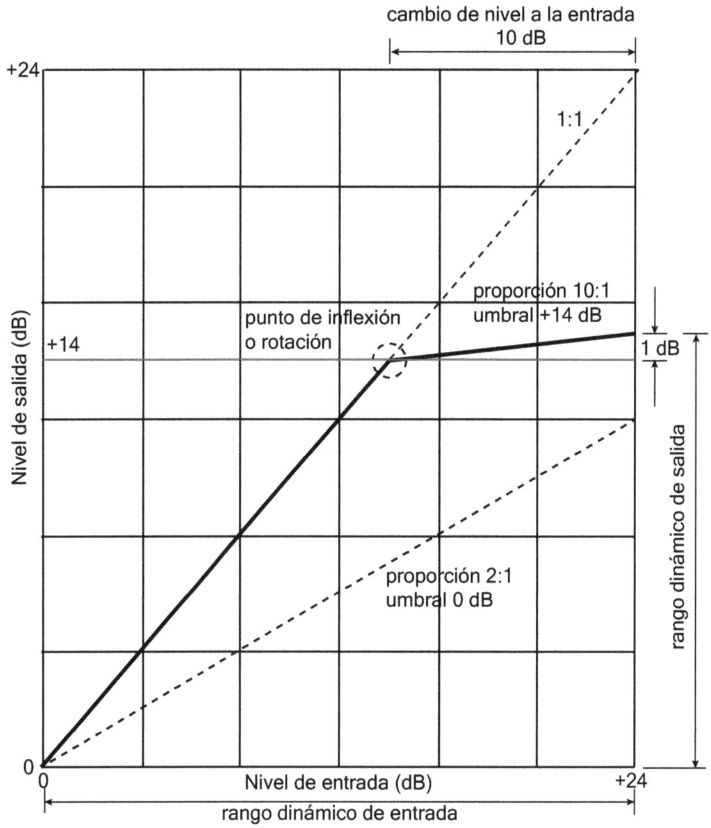

Figura 63: Función de transferencia de los procesadores de dinámica.

El ratio determina la proporción de la entrada con la salida. Un ratio 4:1 significa que el compresor entrega 1 dB cuando recibe 4 dB a la entrada. El umbral, punto de inflexión o de rotación, determina el nivel de entrada al que debe actuar el efecto. El compresor siempre atenúa por encima del umbral.

Observe que no es lo mismo normalizar que comprimir. La *normalización* implica la aplicación de una escala lineal de nivel; teniendo en cuenta que el límite máximo corresponde al máximo valor en módulo de la señal. Si no hay picos de nivel pronunciados, suele "amplificar" la señal; pero, en caso contrario, apenas actúa. El compresor, sin embargo, deja todo como está y atenúa esos picos, aplastando la señal. ¿Cómo es posible entonces que el compresor aumente la sensación de sonoridad cuando reduce el rango dinámico? Precisamente porque aplasta la señal, reduce la dinámica. Al alejarla del máximo se puede subir, pero entonces sube todo: los sonidos más fuertes menos, los más débiles más; ese es el truco.

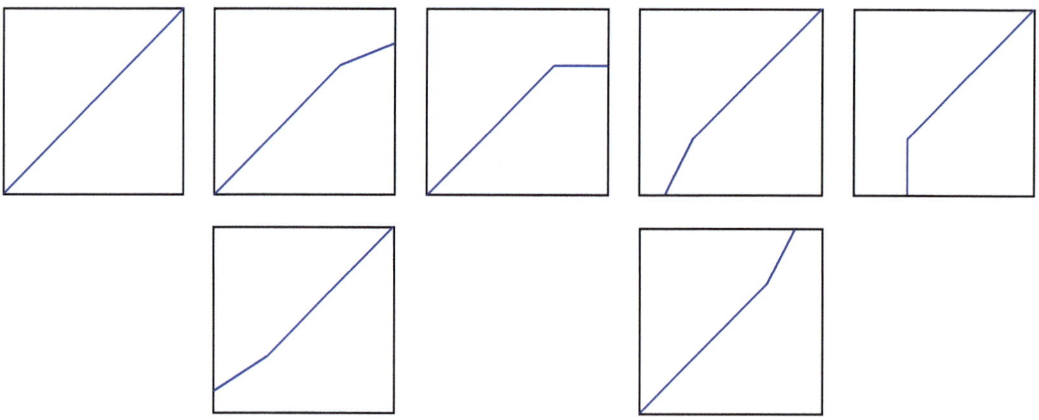

Figura 64: Procesadores de dinámica. De izquierda a derecha: no efecto, compresores, limitador, expansores, puerta de ruido

Un *limitador* satura (impone el mismo nivel) a todo lo que supere determinado umbral. Se utiliza en grabaciones de locutor, donde las subidas de nivel son frecuentes en las consonantes duras. El limitador atenúa los exabruptos ocasionales y consigue así un sonido más suave y profesional. Es un caso extremo de compresor.

El *expansor*, a la inversa que el compresor, aumenta el margen dinámico de aquellas señales que no sobrepasan determinado umbral. El *downward expander* disminuye la señal que está por debajo del umbral (*threshold*). El *upward expander* funciona al revés, aumenta la señal que esta por encima del umbral.

La *puerta de ruido* es un caso extremo de expansor: mantiene la señal en silencio mientras no alcance determinado nivel de umbral, luego se abre y deja pasar el sonido tal cual. Cuando la energía de la señal sobrepasa el umbral, la ganancia que se aplica es la unidad. Esto permite que, cuando la señal tiene suficiente nivel como para que el ruido no se note en exceso, la señal no se modifique; pero si la señal baja de nivel (y por tanto el ruido comienza a ser evidente) se fuerza salida nula.

La mayoría de los procesadores de dinámica tienen parámetros de *ataque* y *desvanecimiento* que determinan la "inercia" del efecto. Estos tiempos determinan cuan rápido o lento reacciona el efecto al comienzo (ataque) y final (desvanecimiento) de la señal.

El *de-esser* es un procesador de compresión selectiva; trabaja, o actúa, solo sobre una rango de frecuencias específico. Basados en esta misma noción, existen procesadores de dinámica selectivos en frecuencia o multi-bandas. La idea es simple: se coloca al procesador de dinámica detrás de un filtro que regula el ancho de banda sobre el que se aplica el efecto de dinámica; esto permite la aplicación selectiva en frecuencia del efecto y es válida para otros tipos de efectos (como la distorsión o la reverberación). El concepto de multi-banda o banco de filtros está relacionado con otro tipo de transformación: la *ecualización*.

Ecualización

En realidad, cualquier proceso que transforme un flujo de audio es un *filtro*; pero el término se suele reservar para un tipo de procesador especial: aquel que permite alterar el nivel de la señal según la frecuencia. Si un fragmento de audio digital tiene determinada representación espectral, un filtro puede variarla y a esta acción se le suele llamar *ecualización* o `EQ`, de manera abreviada.

La *ecualización* provoca realces y atenuaciones de nivel en diferentes regiones o bandas del espectro. Todos los tipos de ecualización son formas de filtrado. La Figura 65 muestra algunos ejemplos simples, de izquierda a derecha: paso-bajo (*low-pass*), paso-alto (*high-pass*), paso-banda (*band-pass*), de rechazo o de banda eliminada (*notch*) y paso todo (*all-pass*). Existen también otros tipos de filtros más complejos, como los filtros peines (combo); que en realidad son un conjunto de filtros y no un solo filtro. Observe que un filtro simple es un control de tono elemental. Cualquier filtro simple tiene una *banda de paso* (frecuencias que deja pasar), una *banda de rechazo* (frecuencias que no deja pasar), una *banda de transición* (entre las anteriores) y una o dos *frecuencias de corte*, en dependencia del tipo de filtro.

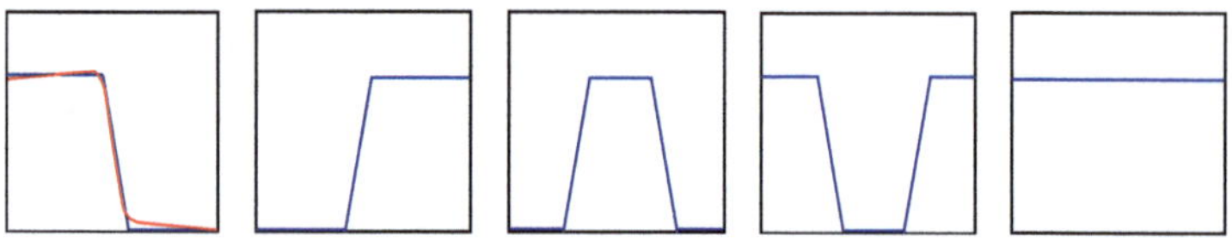

Figura 65: Tipos de filtros ideales. En rojo un filtro "real". La aproximación del filtro real al filtro ideal depende del orden del filtro (relacionado con su complejidad).

Con una combinación de estos filtros simples se puede formar un *banco de filtros*. Por ejemplo: filtros paso-bajo y paso-alto en los extremos del espectro y filtros paso-banda en medio, todos del mismo ancho; como muestra la parte superior de la Figura 66.

Esto es muy útil para procesar por zonas de frecuencia individualmente; como es aplicar una reverberación paso-bajo y así evitar sibilancias rebotando en el espacio, como ocurría en muchas de las grabaciones de los 70. Si cada filtro del banco tiene el ancho y la frecuencia central proporcional a la región del espectro (como muestra la parte inferior de la Figura 66), se le suele llamar *filtro gammatone*. Esto permite emular con bastante precisión el comportamiento del sistema auditivo.

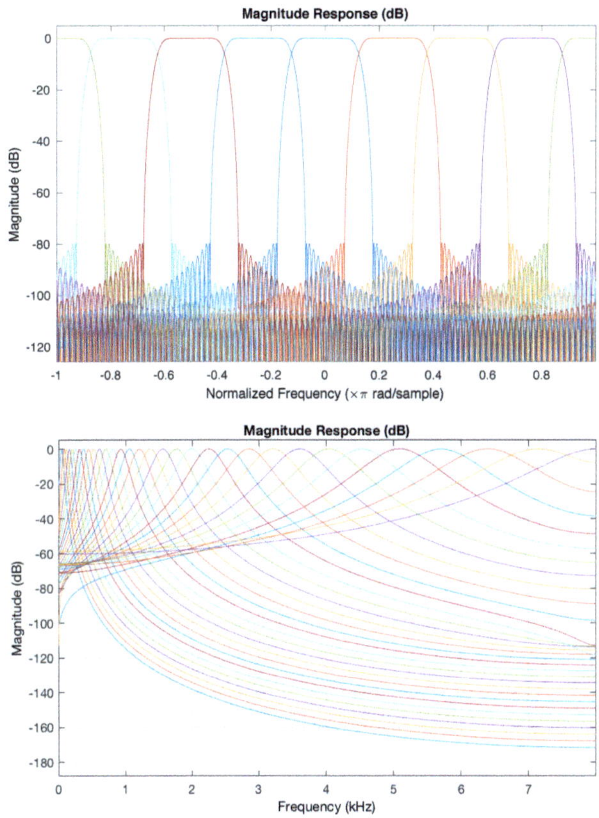

Figura 66: Bancos de filtros. **sup**. Todos los filtros tienen del mismo ancho. **inf**. El ancho del filtro es proporcional a la frecuencia central.

Este tipo de banco de filtros se denomina también de *Q* constante[15]. *Q* es el factor de calidad o de resonancia y está determinada por la relación entre la frecuencia central de cada filtro y su ancho. *Q* alto, filtro estrecho. *Q* bajo, filtro ancho.

[15] Técnicamente, *Q* está determinado por la relación entre la frecuencia central del filtro f_c y el ancho de banda del filtro Δf (medido desde donde la ganancia del filtro cae 3 dB por debajo de la frecuencia central, hasta donde la ganancia del filtro cae 3 dB por encima de la frecuencia central).

Un banco de filtros, como los que muestra la Figura 66, se denomina: *ecualizador gráfico*. La característica principal de este tipo de filtrado es que la frecuencia central de los filtros sigue una relación lineal (mismo ancho), o logarítmica (distinto ancho); en dependencia de la distribución de las frecuencias centrales de este último tipo existen ecualizadores de octava, de media octava, de tercio de octava[16], etc. Es posible alterar la ganancia de cada filtro de forma independiente.

[16] El de octava, por ejemplo, tiene 10 puntos de control (el ancho de banda audible tiene 10 bandas de frecuencia): 30 Hz, 60 Hz, 125 Hz, 250 Hz, 500 Hz, 1kHz, 2 KHz, 4 KHz, 8 KHz y 16 KHz.

Existe un esquema diferente que permite establecer la *Q* de cada filtro independientemente y "colocarlo" en la frecuencia que se desee. Estos filtros se denominan *paramétricos*. Es posible el control individual de tres parámetros por cada banda: *frecuencia central*, *ganancia*, y *ancho de banda*; que normalmente está en función de *Q* o *factor de calidad*.

Figura 67: Ecualizador EQuick, DMG Audio.

Un ecualizador similar es el *semi-paramétrico*, que solo admite el control individual de dos parámetros (generalmente la frecuencia central y la ganancia), mientras que el ancho es fijo.

También se suele hablar del ecualizador *paragráfico*: un ecualizador gráfico con ajuste de frecuencia fino en cada banda. Es posible modificar algo la frecuencia central de cada filtro.

Por último existen filtros *dinámicos* cuya curva de respuesta en frecuencia cambia en función de la señal de entrada.

Los bancos de filtros actúan en paralelo, cada uno modifica parte del espectro por lo que la alteración final es la suma de las alteraciones a la salida de cada filtro del banco. La diferencia fundamental entre los ecualizadores gráficos y paramétricos (los más utilizados) reside en el hecho de que el primero ecualiza siguiendo cortes de frecuencias fijos y por lo tanto generales mientras que el segundo permite realizar una definición precisa de la magnitud de las frecuencias que se desea modificar. Un ecualizador paramétrico, es un ecualizador de pocas bandas (entre 1 y 3 es lo corriente) pero es más versátil.

El uso de filtros en serie debe ser diseñado con mucho cuidado para que actúe de forma substractiva.

Observe que si automatiza con un LFO la frecuencia de corte de un filtro puede obtener efectos de barrido muy interesantes, como el *Wah-Wah*.

Figura 68: Wah Wah Cry Baby Mini 535Q, de Dunlop.

Eco y reverberación

El *eco* es la repetición amortiguada y periódica de un sonido. El sonido rebota en los obstáculos lejanos y regresa debilitado y vuelve a rebotar, etcétera, hasta desaparecer por completo.

La *reverberación*, sin embargo, es un fenómeno más complejo compuesto de muchos ecos de retardos largos y cortos. Dicho de otra manera, al sonido no le da tiempo a separarse de su misma duración, sino que se mezcla consigo mismo repetidas veces mientras dura. La reverberación se produce por la combinación del sonido directo, con el sonido reflejado (y por lo tanto con pérdidas debido a la absorción de las superficies en las que se refleja) y con reflexiones de orden superior que suelen fundirse en lo que se denomina *cola difusa*.

Figura 69: Paneles para acondicionamiento o control de la reverberación.

Cuanto mayor volumen tiene un recinto, mayor reverberación. Cuanto más reflectantes son sus paredes, mayor reverberación. Se suele hablar de salas "vivas" o "brillantes", a este tipo de recintos donde se produce mucha reverberación y de salas "muertas" u "opacas", a las salas con muy poca reverberación. Sala y recinto son aquí sinónimos.

En los laboratorios de experimentación acústica existen tres tipos de cámaras que permiten caracterizar bien estos fenómenos:

Anecoica Sala acústicamente muerta. Solo existe el sonido directo. Absorbe la totalidad de las reflexiones.

Reverberante Sala acústicamente viva. Refleja la totalidad de las reflexiones.

Varecoica Sala acústicamente controlada. Permite definir, mediante paneles reflectantes y absorbentes, las características reverberantes de la sala.

Figura 70: Reverbs blueSky, de Strymon y pedal mixto de reverb y *delay* Atlantic, de Nux.

La reverberación convierte el sonido en un *campo sonoro*. Básicamente imprime en el sonido que llega al receptor, las características acústicas del espacio. El efecto que implementa el eco se denomina *delay* y al que implemente la reverberación: *reverb*.

Las reverb emulan el comportamiento del sonido en una pequeña habitación, en una sala de conciertos, en una catedral, etc. Uno de los métodos habituales en las reverb es el modelado físico; lo que permite modificar las principales características de la sala: volumen, absorción, reflexión, etc. La *reverb plate* simula uno de los primeros métodos para generar reverb: el paso del sonido a través de una gran hoja de metal reverberante. Los *reverb plate* tienen una forma similar a los *reverb hall* (la reverb más común), excepto que el sonido es usualmente más denso y más plano (dos dimensiones).

Las reverb más realistas, aplican la respuesta al impulso de salas reales al sonido mediante convolución. Las posibilidades de control mediante este método son mínimas, pero el resultado puede ser más real. Existe una gran cantidad de bibliotecas de respuestas al impulso de salas acústicamente relevantes.

En los *delays* lo mas relevante es quizá, la sincronización con el tempo del programa, la combinación en el estéreo (*panning*) y la utilización de patrones de repetición artificiales (invertidos, por ejemplo) de espacios imposibles (algo que también es aplicable a la reverb).

Afinación y armonización

Los efectos que transforman la altura son muy interesantes para crear nuevos timbres con cierta forma musical. El *armonizador* es un caso particular de procesamiento de la altura. Los armonizadores típicamente generan nuevos flujos de audio desplazados varios intervalos definibles por el usuario según determinado *intervalo*. Por ejemplo, un armonizador de tres voces permite la generación automática de acordes de tres notas (la original más dos desplazadas). El *octavizador* es un tipo particular de amonizador que solo genera octavas (por encima o por debajo) del objeto referencia. Este tipo de efecto afecta al timbre y puede, en ocasiones, servir para destacar un instrumento o diferenciarlo de otros.

También son de gran importancia, por ejemplo, para afinar (o desafinar) un objeto musical. Este tipo de proceso modifica la *altura* (tono o afinación) del sonido, sin cambiar la duración, o bien reajusta la duración, sin modificar la afinación, manteniendo el timbre en ambos casos; se conoce como *time-stretching*.

Figura 71: Pitch Fork, de electro-harmonix.

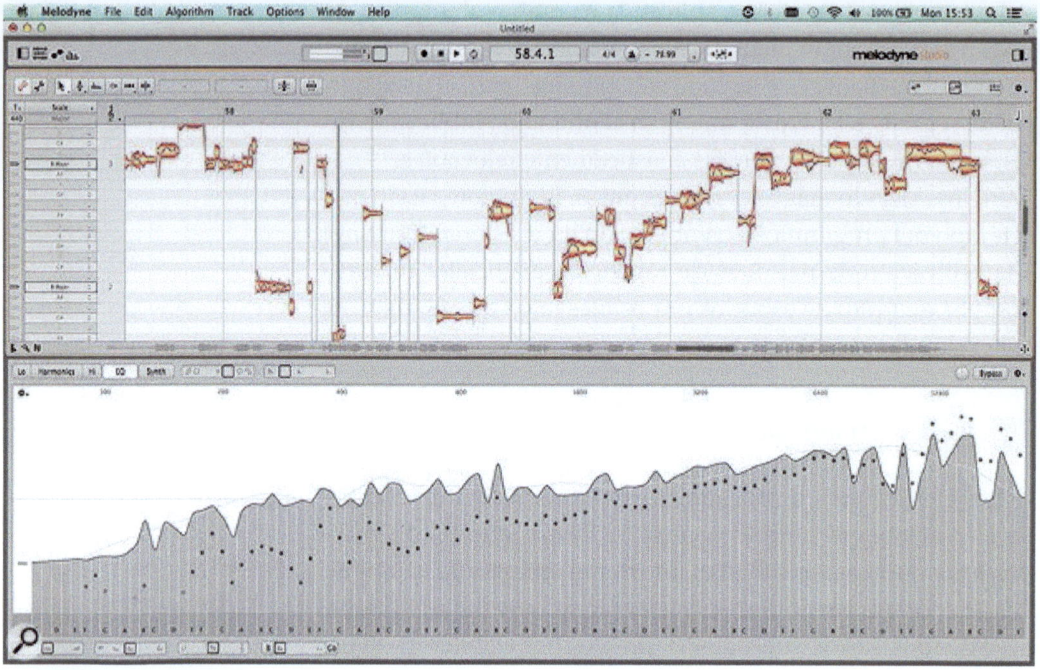

Figura 72: Melodyne, de Celemony. Descompone el flujo de audio en objetos cuyos atributos pueden ser manipulados individualmente en volumen, altura, posición, duración, etc.

Existen variantes de esta familia de algoritmos que permiten cambiar el tono sin alterar la duración, ni el timbre, siempre que el desplazamiento que se exija sea de pocos semitonos (no más de cuatro o cinco). La edición basada en objetos, en el dominio de los objetos, es una especie de todo en uno en el que se puede alargar la duración de una nota, sin alterar la altura o viceversa, o ambas cosas. No solo permite variar la altura, sino controlarla con precisión. Según el fabricante: Celemony:

> Melodyne detecta el tempo, escala y afinación, dejándote editar todos los parámetros musicales importantes de tu material en cada nota.

La edición basada en el dominio de los objetos funciona como una especie de taller donde es más valioso "reparar" el sonido que producirlo de nuevo. Dicho de otra manera, permite conseguir la perfección. Muchos programas han seguido esta vía y ya en todos los secuenciadores es posible este tipo de edición.

Distorsión

La *distorsión* es el efecto estrella de cualquier guitarrista de rock, metal e incluso pop. Es un efecto que altera el timbre, rellenando con nuevos armónicos el sonido de origen. La distorsión se basa fundamentalmente en la aplicación de una función de transferencia no lineal que sature, pero es precisamente en la definición de esta función en donde está la clave de su color; es decir, la riqueza armónica, si es mayoritariamente par o impar, etc.

Esta saturación puede imitar el comportamiento de un amplificador de válvulas o puede ser diseñada desde cero. La distorsión suave permite mayor dinámica. La distorsión fuerte hace que el sonido sea más "sucio".

La diferencia entre los tipos de distorsión está en el realce y atenuación de los diferentes armónicos. La distorsión por *waveshaping* es un método muy valioso para determinar, a voluntad, la contribución de cada armónico. La aplicación de este método exige una especie de control automático de ganancia que transforme el flujo de audio en una señal lo más parecida a una onda senoidal [Fernández-Cid and Casajús-Quirós, 2010].

Figura 73: Dunlop Fuzz Face Distortion Hendrix.

Modulación

Los efectos de modulación parten de la base de mezclar un flujo de audio con otro alterado en nivel, frecuencia o fase de manera periódica. Aunque existen muchos efectos de modulación: los tres más básicos son *chorus*, *flanger* y *phaser*.

El *chorus*, que se podría traducir como *coro*, desafina y retrasa ligeramente el audio procesado del audio sin procesar para crear la sensación de voces. En definitiva, cuando dos guitarristas, por ejemplo, tocan lo mismo al unísono, no guardan una afinación perfecta entre sus cuerdas y tampoco tocan con la precisión de una máquina. Esto es lo que pretende recrear el *chorus*, la sensación de coro. El retardo entre ambas señales oscila a muy baja frecuencia, aproximadamente entre 10 y 15 milisegundos y la afinación es alterada, también oscilatoriamente, unos pocos cents.

Figura 74: Phaser Lillian, de Walrus Audio.

El *flanger* es un efecto que comenzó a utilizarse en los años 60. En aquel entonces, se grababa la misma música en dos máquinas que luego se hacían reproducir simultáneamente, acelerándolas y frenándolas con las manos, opuesta y alternativamente, para producir cancelaciones de fase en distintas frecuencias del espectro. El *flanger* mezcla una señal con una versión retardada de sí misma, y modula el tiempo de retardo cíclicamente muy lentamente (entre 0.1 Hz y 10 Hz). La realimentación permite exagerar las resonancias en forma de barridos, hasta el punto de llevarlas al borde de la oscilación donde se produce un sonido desnaturalizado, marcadamente metálico, que impone su propia afinación a la de la fuente.

El *phaser* o *shifter* es un efecto en el que se suma la señal original con una versión de la misma en la que la fase se modula cíclicamente; da lugar a la cancelación de algunas frecuencias y el refuerzo de otras.

El uso de los efectos puede ser *perfectivo* o *correctivo*; ya esté en función del *phatos* o del *logos*, la emoción o la razón. La música, a pesar de su naturaleza lógica y matemática, según José María Vitier, "es el arte que nos permite recordar lo que aún no ha sucedido". Nadie mejor que Ludwig van Beethoven reflejó esta dualidad al decir: "La arquitectura es una música de piedras; y la música, una arquitectura de sonidos". Los efectos conviven entre estas dos funciones. La mayoría de los fabricantes incluyen de serie en sus mesas de mezcla una sección de dinámica y una de ecualización (como muestra la Figura 56, página 83) porque son imprescindibles en todos los procesos de postproducción. Sin embargo, a través de auxiliares puede usar estos y cualquier otro efecto para dar con ese sonido especial que necesita o que le identifica.

Figura 75: Conjunto de pedales que usa Andy Martin, de Reverb, para imitar el inconfundible sonido de Bryan May. Thirty, de Wampler; Naga Viper y Zero Point, de Catalinbread y Digital Delay DD-500, de Boss.

Con el conjunto (*set*) de pedales de la Figura 76, Andy Martin consigue, sin la "Red Special", de Brian May, imitar su singular sonido incluso, sin el uso del amplificador Vox AC30.

Aunque el Helix está pensado para usar con autonomía y Guitar Rig para usar en una DAW, ambos son digitales, ambos son puro *software*, con la capacidad de control vía *hardware*; cualquier parámetro de Guitar Rig es susceptible de ser esclavizado vía USB o MIDI con un controlador *hardware*.

Es probable que pueda conseguir el mismo timbre con un todo en uno como el procesador de guitarra Helix, de Line6 que, entre otras cosas, incorpora: 50 modelos de amplificador de guitarra, 12 modelos de amplificador de bajo, 37 modelos de cabina, 16 micros, 104 efectos e importa impulsos IR 1024/2048 de cabinas de terceros (respuestas al impulso) o con una plataforma basada en ordenador como Guitar Rig (Figura 61, 87).

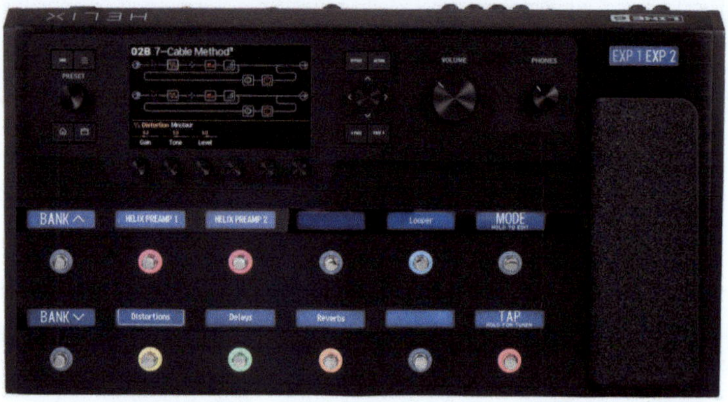

Figura 76: Procesador de guitarra Helix, de Line6.

Resumiendo, se podría decir que el audio digital puede ser grabado o sintetizado y, en cualquiera de ambos casos, modelado por los efectos, mezclado con otros fragmentos en alguna mesa de mezclas y finalmente puede formar parte de eso que llamamos *canción* o programa musical. La síntesis y los efectos de audio digital comparten todo el entramado teórico del *procesamiento digital de señales*; es decir, algoritmos para producir y transformar secuencias de números que representan el audio digital. Toda esta «teoría» es muy joven; aún no ha llegado al primer centenario. Comenzó cuando todo era analógico y ahora que todo es digital, sigue creciendo gracias a la enorme potencia de los ordenadores.

Hace tan solo veinte años era imprescindible el uso del DSP (Digital Signal Processor), pero, se podría decir, que los procesadores actuales incluyen uno o varios co-procesadores de señal digital. Todo los procesos que "antes" solo eran posibles en *hardware*, "ahora" son *software*. Pero incluso, no basados en un ordenador, sino en ordenadores más pequeños, diseñados expresamente para estas funciones como realizar un sintetizar o un pedal de efectos digital.

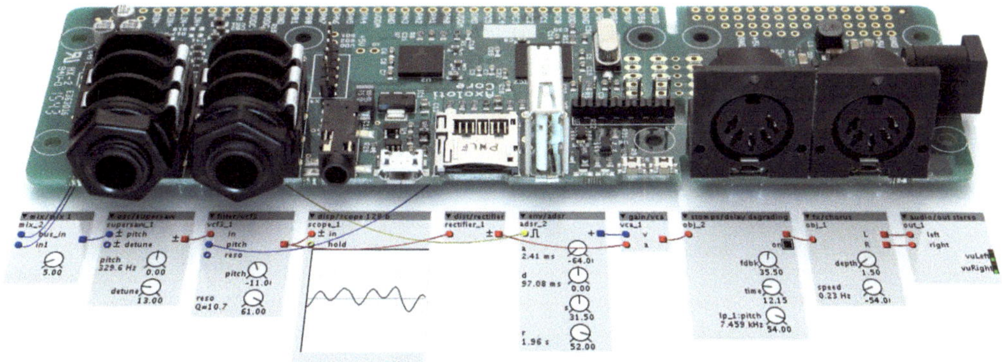

Figura 77: Axoloti. Diseño de algoritmos de audio digital con la capacidad de reproducción musical del *hardware* independiente.

Axoloti ofrece un entorno gráfico de enrutamiento y procesamiento similar a Max/MSP, Pure Data o Reaktor, pero es de código abierto. COSMO (Csound On Stage Music Operator) es otro proyecto de código abierto basado en Raspberry Pi. Este tipo de iniciativas supone una democratización de la tecnología sin precedentes, acorde a esta nueva era del conocimiento.

Las matemáticas de la música

Seguramente habrá oído que la *música* y por ende, el *sonido*, la *señal* y el *audio*, es pura matemática. Y quizá, se haya preguntado a continuación: ¿cómo es posible que tanta belleza pueda brotar de unas ecuaciones? y también si los músicos dominan estas relaciones. Las respuestas parecen contradictorias, pero no lo son. En efecto, el sonido (y el sonido organizado) es un fenómeno que puede ser explicado por las matemáticas y los músicos siguen unas reglas para generarlos y mezclarlos[17] que, si bien pueden tener una lógica matemática detrás, las aprenden sin necesidad de saber con exactitud qué es un logaritmo o una exponencial compleja. Es a partir de la introducción de los ordenadores en la música, que ambos territorios comienzan a relacionarse y fusionarse con naturalidad, pero no: en los conservatorios tradicionales no se estudia matemática, aunque la mayoría de los músicos estaría de acuerdo con Claude Debussy, cuando afirma que: "La música es la aritmética de los sonidos como la óptica es la geometría de la luz".

[17] Las *melodías*, en definitiva, son secuencias de sonidos y las *armonías* y *ritmos*, mezclas de melodías y patrones de sonidos.

En el Capítulo *Sonido, Señal, Audio*, página 13, se definió el posible sonido más simple de todos, como un armónico o función senoidal que se puede definir matemáticamente como: $x(t) = A \sin \varphi$, donde A representa la amplitud y $\varphi = \omega t + \phi$ la fase. ω es la frecuencia angular, t el tiempo y ϕ la fase inicial; pero también es posible expresar la fase con la frecuencia en ciclos por segundo o hertzios: $\varphi = 2\pi f t + \phi$.

Existe muchísima literatura acerca de las matemáticas de la señal; en particular de *tratamiento digital de la señal*, en la que se basa toda la tecnología del audio digital.

Si la fase inicial es cero, $\phi = 0$, esta función tan simple tiene solo dos variables que pueden cambiar, la amplitud o nivel A (que determina el volumen) y la frecuencia f (que determina la altura o el tono).

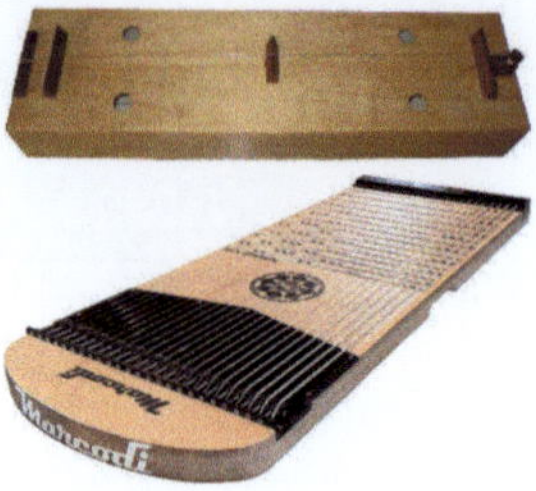

Figura 78: Monocordios.

También se ha visto que los sonidos que producen los instrumentos reales están formados, no por un sonido puro, sino por la combinación de muchos de estos sonidos puros o armónicos (esta es la base del análisis-síntesis).

La razón por la que esto ocurre, de hecho, fue estudiada por Pitágoras mediante un monocordio similar al de la Figura 78 y que ha evolucionado hacia una especie de arpa percutida, guitarra-piano o, más fácil de nombrar, el harpejji. La cuerda tensa y fija por los extremos no puede vibrar en libertad (los extremos no pueden moverse). Estas maneras determinadas a la que vibra la cuerda se denominan *modos* y corresponden, precisamente, a los armónicos o sobretonos.

Los nombres por los que se conocen las notas, por ejemplo, DO, C, son solo una manera práctica y simple de evitar referirse a ellas en término de las frecuencia f de su tono fundamental.

La Figura 79 muestra los primeros seis modos de vibración del monocordio. El modo 1 es el armónico fundamental f, mientras que el modo 2 corresponde al segundo armónico f_2, el modo 3 al tercer armónico f_3 y así sucesivamente. La propiedad matemática fundamental es que estos armónicos guardan entre sí una relación entera, tal que: $f_2 = 2f$, $f_3 = 3f$ y así sucesivamente; es decir: $f_m = mf$, para $m = 1, 2, \ldots$.

Es la relación de las amplitudes de todos los armónicos lo que determina el timbre de un instrumento, su huella de identidad; si cambia ese "patrón" de amplitudes, cambia el timbre.

Lo que se escucha al oscilar una cuerda es la vibración de todos sus armónicos al unísono pero, cada uno, con una amplitud A_m diferente y la misma fase inicial $\phi = 0$. Es la mezcla de todos ellos lo que determina el timbre y produce un espectro similar al de la Figura 26, página 45.

La física de las vibraciones en un tubo son muy similares; se generan patrones de vibración múltiplos de la fundamental. Todos los instrumentos de cuerda o tubo, por esta razón, producen sonidos armónicos.

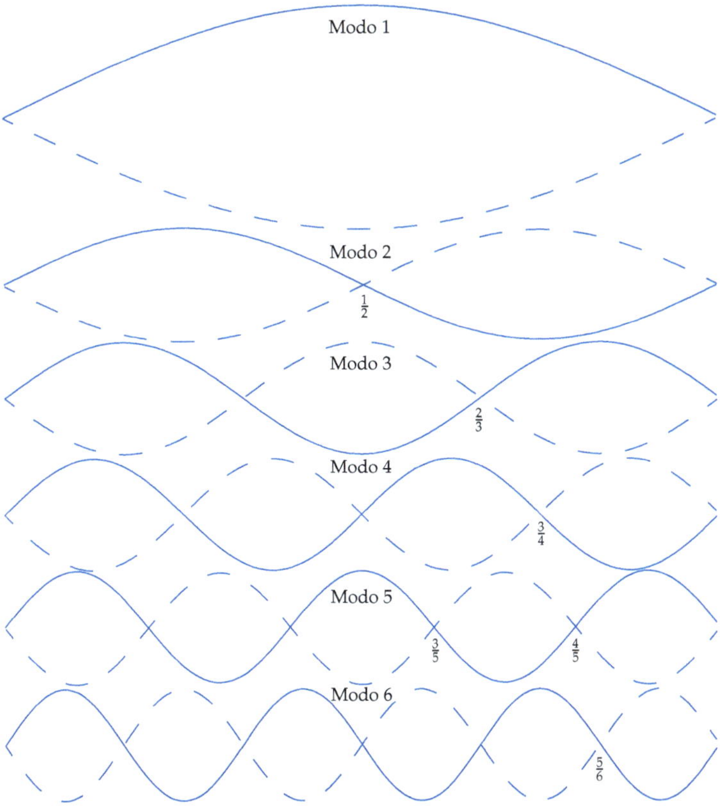

Figura 79: Modos de vibración de una cuerda. Los puntos donde la amplitud de la cuerda siempre es cero se denominan *nodos*, mientras que aquellos puntos de la cuerda que cambian desde el mínimo al máximo y viceversa se denominan *antinodos*. Cuando se excita una cuerda o un tubo (golpe, pellizco, soplido, etc.) se produce un impulso caótico, ruidoso; sin embargo la cuerda, o el tubo selecciona por resonancia los modos propios de vibración. La relación entre la frecuencia f (Hz) y la longitud de onda λ (m) es sencilla: $v = \lambda f$, donde v es la velocidad del sonido. Por esta razón las cuerdas y los tubos que producen sonidos graves tienen grandes dimensiones. Las fracciones muestran algunos intervalos de la escala cromática.

Los sonidos inarmónicos se producen debido a ligeras variaciones de frecuencia ya sea porque cambia ligeramente la longitud de una cuerda o un tubo (como ocurre con el sitar) o la rigidez de una superficie (por ejemplo, el gong o el tambor de metal o *steeldrum*).

Dividir la cuerda por dos, es lo mismo que multiplicar la frecuencia por dos.

Los griegos observaron que cuando reducían a la mitad la cuerda del monocordio, el sonido que resultaba encajaba a la perfección con el sonido de la cuerda completa. Basta con pisar la cuerda con un dedo para crear un nodo.

La longitud del intervalo entre dos notas de frecuencias f_1 y f_2 se mide por su cociente (ratio) $\frac{f_2}{f_1}$.

Esto ocurre porque los armónicos de la primera coinciden sobre los armónicos de la segunda. No hay ningún armónico nuevo. Las notas que se generan de esta manera (reduciendo a la mitad la longitud de una cuerda o un tubo o ampliándola al doble) se denominan *octavas*. Aplicando esta técnica se pueden generar todas las octavas del rango audible, pero todas las notas obtenidas serían muy similares (por eso se llaman igual) y no aportarían demasiada riqueza al sonido.

La distancia entre la quinta y la siguiente octava es llamada *cuarta perfecta*, de ratio $\frac{3}{4}$. Cualquier combinación de dos tonos completos más un semitono es una cuarta, pero solo es perfecta si contiene dos tonos "pitagóricos" completos y un semitono (cociente exacto de $\frac{4}{3}$ o 498.04 cents).

Si la cuerda se divide con otra relación numérica sencilla, por ejemplo $\frac{2}{3}$, resulta que muchos armónicos son comunes, pero surgen nuevos armónicos donde antes no había ninguno. Suena bien, aunque no tan bien como una octava. Al multiplicar la longitud de la cuerda por $\frac{2}{3}$, la frecuencia se divide por $\frac{2}{3}$ (se multiplica por $\frac{3}{2}$). La nota que se genera de esta manera se denomina *quinta perfecta*. Aplicando esta técnica (dividiendo y multiplicando la longitud de la cuerda referencia por $\frac{2}{3}$), como en el caso de la octava, se pueden generar todas las quintas del rango audible.

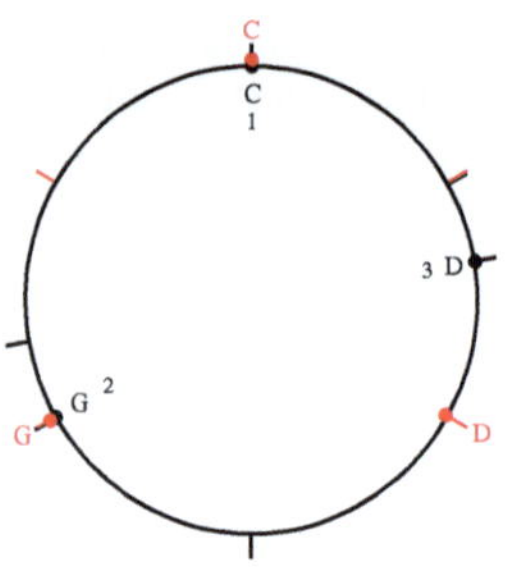

Figura 80: Primeras dos notas formadas por quintas desde C. La posición real en el círculo se muestra con puntos negros y la leyenda en cifrado.

Si se aplica esta técnica sobre una de las quintas obtenidas se obtiene una tercera longitud que también comparte algunos de sus armónicos y añade nuevos que antes no existían. Si por ejemplo, se parte de una cuerda o tubo que vibra a la fundamental de la nota DO, se obtiene la quinta SOL y a su vez, desde esta, la quinta RE. Este RE, por ejemplo, cae en la siguiente octava, pero como se sabe que las octavas son equivalentes, se puede dividir entre dos para obtener el RE correspondiente a la octava donde se encuentran el SOL y también el DO.

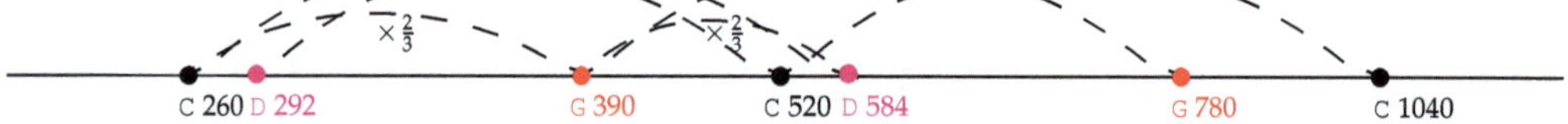

Figura 81: Método para generar todas las notas a partir de octavas y quintas.

La Figura 81 muestra el proceso a seguir para generar tales notas. Por ejemplo, suponga que se parte de C, 260 Hz. La dos octavas, 520 y 1040 Hz, se obtienen multiplicando por 2. Si se divide por $\frac{2}{3}$ se obtiene el G, 390 Hz. Una vez obtenido G se pueden generar todas las octavas dividiendo y multiplicando por 2; por ejemplo G, 780 Hz. Ahora, si se divide la frecuencia de G por $\frac{2}{3}$ se obtiene 584 Hz, y por 2, la octava anterior G, 292 Hz.

La proyección de las frecuencias de una octava en una circunferencia (abajo) se ha hecho bajo el supuesto que la octava es igual al perímetro de la circunferencia.

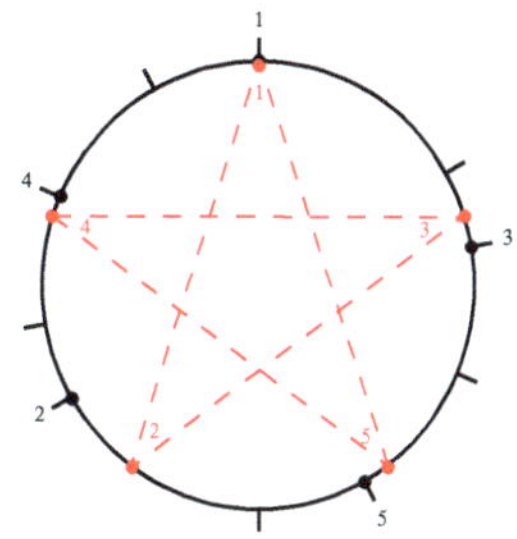

Figura 82: Escala pentatónica.

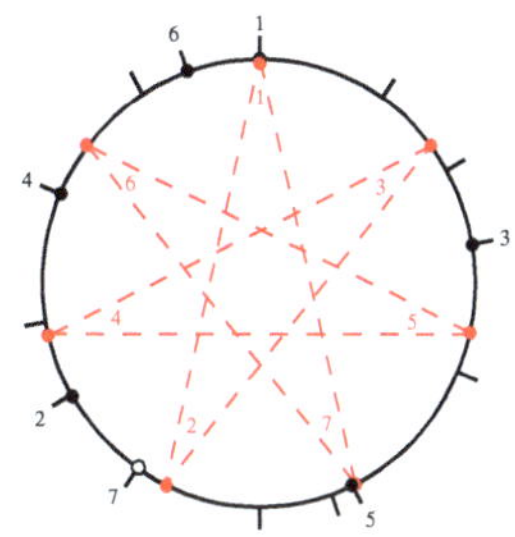

Figura 83: Escala de siete notas. La nota 7 es sostenida y se representa en blanco.

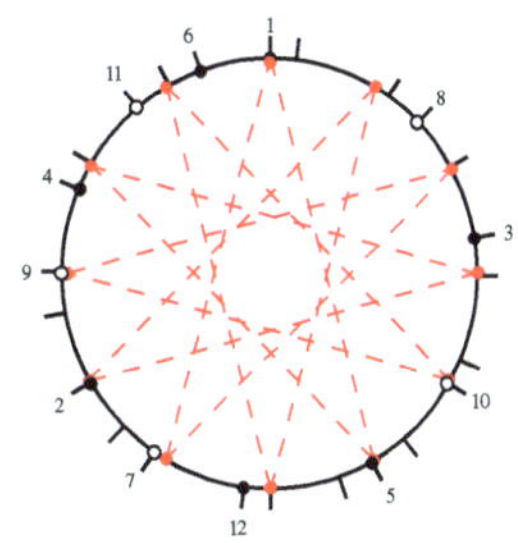

Figura 84: Simetría de la escala de doce notas o *escala cromática*.

Las escalas normalmente se diseñan simétricas. Observe que, con la aplicación de este método dos veces más, se llega a la escala: C (1), G (2), D (3), A (4), E (5) que se muestra en la Figura 82. En rojo se muestran los grados reordenados para visualizar su simetría. Cualquier escala con forma de estrella es simétrica y esto se consigue, básicamente, buscando que entre una nota y su quinta tengan siempre tengan el mismo número de notas.

La escala de siete notas es también simétrica y corresponde a las primeras quintas de una cuerda. El orden u organización de las notas forma lo que los griegos llamaron *modos* y que, debido al cambio de distancia entre las notas, suenan con diferente cualidad.

Si se toma la nota 7 natural, no sostenida, como realmente se obtiene, las 7 notas estimadas por este procedimiento corresponden a las teclas blancas del piano y, según la secuencia entre ellas, forman los modos:

Jónico, grado I [1,3,5,7,2,4,6], es decir [C, D, E, F, G, A, B]. Este modo también se conoce como *modo mayor*.

Dórico, grado II [3,5,7,2,4,6,1], es decir [D, E, F, G, A, B, C].

Frigio, grado III [5,7,2,4,6,1,3], es decir [E, F, G, A, B, C, D].

Lidio, grado IV [7,2,4,6,1,3,5], es decir [F, G, A, B, C, D, E].

Mixolidio, grado V [2,4,6,1,3,5,7], es decir [G, A, B, C, D, E, F].

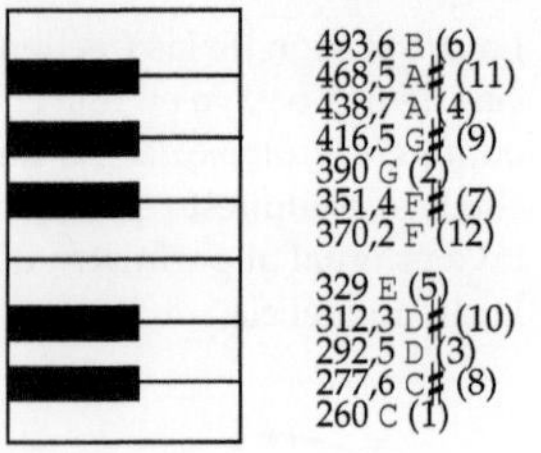

Figura 85: Octava generada con este procedimiento (Octava 3). Las teclas negras comparten dos notas equivalentes; ya sea si ascienden ♯, o descienden ♭. Por ejemplo: F♯ ≡ G♭. Las notas que están en el mismo lugar en un piano se denominan *enarmónicas*.

Eólico, grado VI $[4, 6, 1, 3, 5, 7, 2]$, es decir [A, B, C, D, E, F, G]. Este modo también se conoce como *modo menor*.

Locrio, grado VII $[6, 1, 3, 5, 7, 2, 4]$, es decir [B, C, D, E, F, G, A].

La Figura 85 muestra la octava generada (en este caso la tercera), a partir del procedimiento de quintas y octavas, tomando como referencia la frecuencia base C base 260 Hz.

Este procedimiento, aunque parece perfecto, no lo es. De hecho, el primer F que se genera (quinta de B, es sostenido, no natural) y el último C, quinta del último F (natural), no es el doble del C de partida: las proporciones no "encajan". La octava obtenida, como la quinta de F, no es $260 \times 2 = 520$, sino $351,4 \times \frac{2}{3} = 527$[18]. En cualquier caso este método, es casi circular. A esta escala se le denomina *pitagórica*.

Observe que las notas se suceden en círculos dada la similitud de las octavas; aunque, en realidad, representan una espiral porque, en cualquier octava, la distribución de las notas es la misma. En un sentido las notas descienden hacia los graves; mientras que en sentido contrario ascienden hacia los agudos.

La noción de *consonancia* o *disonancia* está relacionada con estas proporciones entre las notas o estructura de la escala. Dos notas que comparten muchos armónicos se consideran consonantes (suenan bien juntas), mientras que dos notas que comparten pocos armónicos se consideran disonantes (no suenan tan bien juntas). En el primer caso producen "relajación", en el segundo caso "tensión". En el primer caso la relación de sus frecuencias resulta un entero de orden bajo, en el segundo caso no. Observe que la relación del *unísono* es 1 y de la octava 2[19].

En general, se aceptan como consonantes los intervalos de unísono, tercera mayor y menor, cuarta justa, quinta justa, sexta mayor y menor y octava y los intervalos compuestos que derivan de estos. Algunas clasificaciones dividen las consonancias en perfectas (octavas, quintas y cuartas justas) e imperfectas (terceras y sextas).

[18] La reducción de las doce quintas en siete octavas no es el unísono, sino una pequeña fracción del tono llamada *comma* (o *coma*) pitagórica. Para superar este problema, se alarga ligeramente el último tono dando lugar a lo que se conoce como el tono "lobo".

La consonancia tiene mucho de percepción. La *eufonía* es una noción subjetiva según la cual se consideran unos intervalos más tensos que otros. Según la *teoría de la afinidad* de Hermann von Helmholtz, dos tonos son consonantes si coinciden en uno o varios de sus armónicos superiores. En realidad, es un tema que merece mucha más profundidad que el simple enunciado del concepto.

[19] Para la escuela pitagórica la belleza estaba determinada por relaciones enteras simples: $\frac{2}{1}$, $\frac{4}{3}$, $\frac{3}{2}$ que, curiosamente, emergía de un patrón simple: $\frac{n+1}{n}$.

Figura 86: Franchino Gafurio, *Teoría de la música*, 1492. Existen dos enfoques diferentes para formar escalas. Si se consideran independientes todas las notas de la escala se trata de una escala *cromática*. Todas las notas tienen la misma importancia. Si por el contrario se tratan como intervalos formados por tonos y semitonos se trata de una escala *diatónica*. Los modos de la escala diatónica obedecen a distintas maneras de organizar las notas. El piano, por ejemplo, es un instrumento de escala mayor porque las notas enarmónicas corresponden a las teclas negras y las blancas corresponden a las diatónicas. La escala diatónica está compuesta de siete sonidos, separados por grados conjuntos (sin saltos), alberga el mayor número de acordes mayores y menores y posee cinco tonos y dos semitonos. Solo permite tres tonos contiguos.

La diferencia de altura entre dos notas se puede medir de manera cualitativa o en grados (especie) o de manera cuantitativa en tonos y semitonos (número). Una quinta justa, por ejemplo, está compuesta de 3 tonos y 1 semitono.

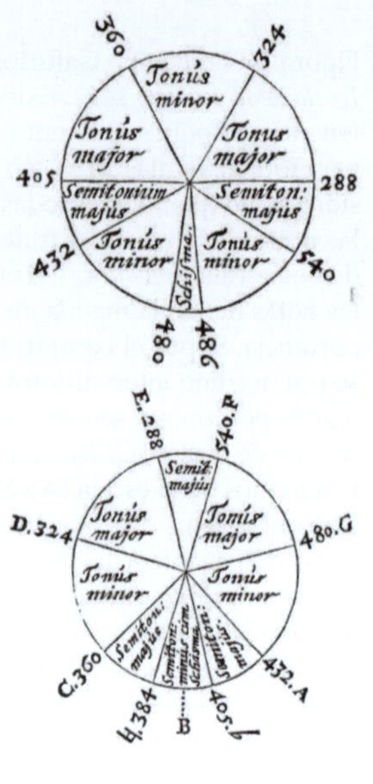

Figura 87: René Descartes, *Compendium Musicae*, 1683.

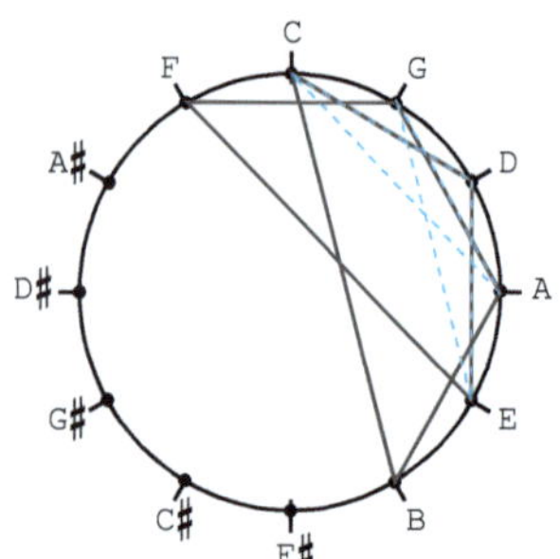

Figura 88: Círculo de quintas, modos (gris) y escala pentatónica (cian).

Un *tono* es el intervalo entre dos notas sucesivas; excepto `E-F` y `B-C`. Un *semitono* es la mitad de un tono. En un piano, todas las teclas blancas separadas por una negra, forman un tono; todas las que no tienen teclas negras entre ellas conforman un semitono. Los modos también pueden ser definidos en términos de tonos `T` y semitonos `S` y de esta manera se definen independientemente de la nota de partida.

Jónico, grado I `[T, T, S, T, T, T, S]`, *modo mayor.*

Dórico, grado II `[T, S, T, T, T, S, T]`.

Frigio, grado III `[S, T, T, T, S, T, T]`.

Lidio, grado IV `[T, T, T, S, T, T, S]`.

Mixolidio, grado V `[T, T, S, T, T, S, T]`.

Eólico, grado VI `[T, S, T, T, S, T, T]`, *modo menor.*

Locrio, grado VII `[S, T, T, S, T, T, T]`.

Un intervalo de segunda puede ser menor (1 semitono), mayor (1 tono), aumentada (1 tono y 1 semitono). Un intervalo de tercera puede ser menor (1 tono y 1 semitono; es lo mismo que una segunda aumentada), mayor (2 tonos), aumentada (2 tonos y 1 semitono; es lo mismo que una cuarta justa), disminuida (1 tono; es lo mismo que una segunda mayor).

Resumiendo, estos intervalos de primer orden guardan la siguiente relación de frecuencias: octava 2, quinta justa $\frac{3}{2}$, cuarta justa $\frac{4}{3}$, tercera mayor $\frac{5}{4}$, tercera menor $\frac{6}{5}$, segunda mayor $\frac{9}{8}$ y segunda menor $\frac{16}{15}$. Pedro Villarroig Aroca propone una regla muy simple para medir lo que él denomina *índice de consonancia* indexConsonancia!índice de y es sumando simplemente numerador y denominador de la relación de frecuencia de un intervalo. De esta manera se obtiene: octava 3, quinta justa 5, cuarta justa 7, tercera mayor 9, tercera menor 11, segunda mayor 17 y segunda menor 31.

La relación de los intervalos de segundo orden corresponde a: sexta mayor $\frac{5}{3}$, sexta menor $\frac{8}{5}$, séptima mayor $\frac{15}{8}$ y séptima menor $\frac{9}{5}$, a los que corresponden los índices de consonancia: sexta mayor 8, sexta menor 13, séptima mayor 23 y séptima menor 14. Estos intervalos se denominan *inversiones*: corresponden a las terceras y segundas en orden inverso.

Observe que la quinta es la inversión de una cuarta, la sexta mayor es la inversión de una tercera menor, la sexta menor la inversión de una tercera mayor, y las séptimas son inversiones de segundas.

intervalo	relación	índice	composición	concordancia	discordancia
octava	2	3	6T	7	0
quinta	3/2	5	3T + 1S	5	4
cuarta	4/3	7	2T + 1S	4	5
tercera mayor	5/4	9	2T	3	7
tercera menor	6/5	11	1T + 1S	2	8
segunda mayor	9/8	17	1T	2	9
segunda menor	16/15	31	1S	0	11
sexta mayor	5/3	8	4T + 1S	2	6
sexta menor	8/5	13	4T	1	6
séptima mayor	15/8	23	5T + 1S	0	7
séptima menor	9/5	14	5T	1	6
novena mayor	9/4	13	7T	1	5
novena menor	32/15	47	6T + 1S	0	6
décima mayor	5/2	7	8T	3	3
décima menor	12/5	17	7T + 1S	1	4
duodécima	3	4	8T + 1S	5	0

Tabla 1: Relación de intervalos, índice de consonancia, composición en tonos y semitonos y número de concordancias y discordancias de armónicos. Según Villarroig la disonancia está en relación con el período de tiempo que necesita el sistema perceptual auditivo para detectar un patrón. Cuanto mayor tiempo más caótico, más disonante. El caso límite es el ruido donde no hay patrón.

La tensión o estabilidad de los intervalos está relacionada directamente con el índice de consonancia e inversamente proporcional a la relajación o inestabilidad. Las secuencias de notas se mueven entre la inestabilidad y la estabilidad. De alguna manera, se espera que un intervalo altamente inestable "resuelva" en un intervalo estable; dicho de otra manera, la disonancia debe fluir hacia una nota inicial cercana que resulte consonante (a "casa").

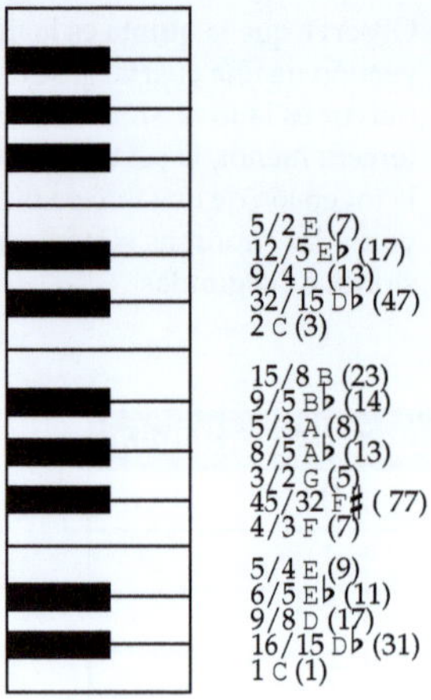

Figura 89: Intervalos. El índice más alto de consonancia corresponde al *tritono*. El tritono (cuarta aumentada o quinta disminuida) es el único intervalo cuya inversión es un tritono. La música oriental carece de tritono.

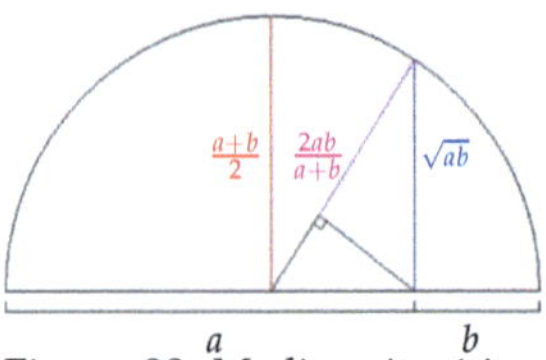

Figura 90: Media aritmética, geométrica y armónica.

Observe que el intervalo de quinta, $\frac{3}{2}$, es resultado de la media aritmética entre 1 y 2 y del inverso de la media armónica entre 1 y $\frac{1}{2}$ y que el intervalo de cuarta, $\frac{4}{3}$, es el inverso de la media aritmética entre 1 y $\frac{1}{2}$.

La *tonalidad* o sistema de composición tonal, según Pedro Villarroig, se basa en la resolución del intervalo tritono.

La base de cualquier escala es la proporción. Arquitas de Tarento, en el siglo V a.C., lo expresaba en términos de *medias* matemáticas:

> [...] en la música existen tres medias: la primera es la media aritmética; la segunda es la geométrica; la tercera es la subcontraria o armónica [Guthrie, 1991, p. 185].

Aunque los griegos no conocían aún las expresiones algebraicas, la quinta pitagórica, por ejemplo, se puede obtener mediante la media aritmética. La *media aritmética* de las octavas C 260 y C 520, tal que:

$$\frac{260+520}{2} \approx 390,$$

produce la quinta G 390. La relación $\frac{f_G}{f_C} = \frac{390}{260} = \frac{3}{2}$, corresponde, como era de esperar, al intervalo de quinta justa.

La *media armónica* entre dos números a y b, se define como: $\frac{2}{\frac{1}{a}+\frac{1}{b}} = \frac{2ab}{a+b}$. La media armónica de las octavas C 260 y C 520, tal que:

$$\frac{2 \times 260 \times 520}{260+520} \approx 348,$$

produce la cuarta F 348. La relación $\frac{f_F}{f_C} = \frac{348}{260} = \frac{4}{3}$, corresponde, como era de esperar, al intervalo de cuarta justa.

La *media geométrica* entre dos números a y b, se define como: $\frac{a^2}{b}$. La media armónica de las octavas C 260 y C 520, tal que:

$$\frac{520^2}{260} \approx 1044,$$

produce la octava C 1044. La relación $\frac{520}{260} = \frac{2}{1}$, corresponde al intervalo de octava.

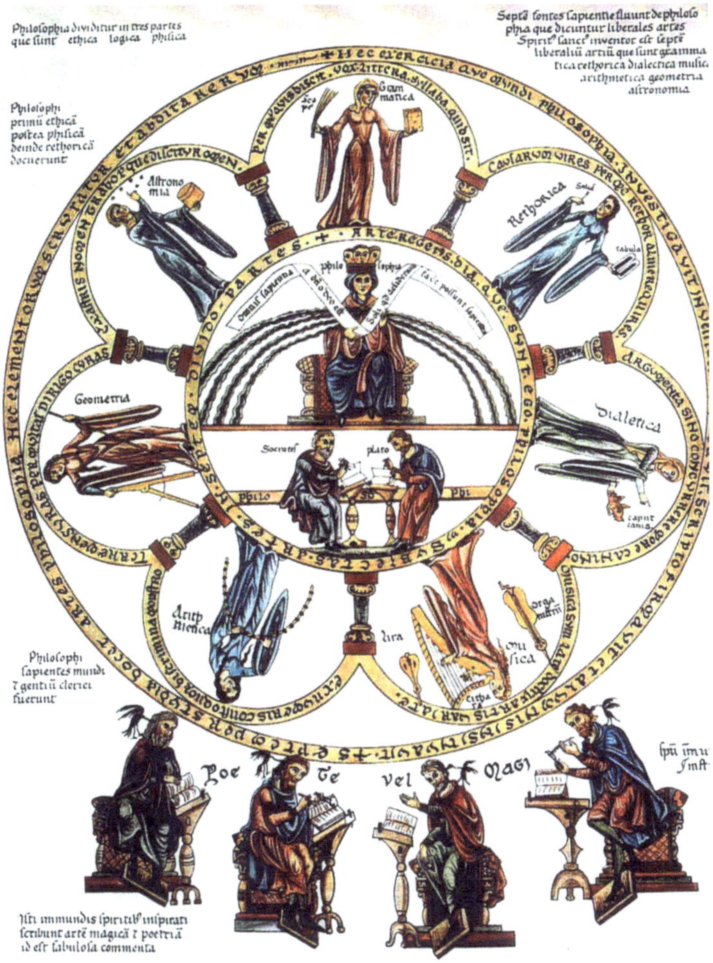

Figura 91: Tritono. El diablo en la música. El tritono, pese a sus connotaciones anti religiosas durante siglos, es una herramienta fundamental que se usa con gran frecuencia en el jazz, el rock y, en general, en la composición contemporánea.

La media geométrica corresponde exactamente al F♯ de la escala cromática: el intervalo del tritono.

La relación entre la media aritmética y la media armónica:

$$\frac{\frac{a+b}{2}}{\frac{2ab}{a+b}},$$

determina el intervalo de tono. Para las octavas de ejemplo:

$$\frac{\frac{260+520}{2}}{\frac{2\times260\times520}{260+520}} \approx \frac{9}{8}.$$

Si se multiplica la frecuencia de `F` 348 por esta relación se obtiene `G`, tal que $348 \times \frac{9}{8} \approx 390$.

La relación de las octavas con la cuarta y la quinta es simétrica; algo relevante en el arte. Se cumple que:

$$\frac{a}{\left(\frac{2ab}{a+b}\right)} = \frac{\left(\frac{a+b}{2}\right)}{b},$$

tal que, la relación entre la octava menor y la cuarta es la misma que la octava mayor y la quinta e igual a 2T+1S. De la misma manera:

$$\frac{b}{\left(\frac{2ab}{a+b}\right)} = \frac{\left(\frac{a+b}{2}\right)}{a},$$

tal que, la relación entre la octava menor y la quinta es la misma que la octava mayor y la cuarta. La estructura matemática de la escala mayor es perfectamente simétrica; algo que también conocían los griegos. Para el pitagórico Filolao: "la extensión de la octava es una cuarta más una quinta"; lo que se puede traducir a: $\frac{4}{3} \times \frac{3}{2} = 2$. Si el intervalo de un tono corresponde a $\frac{9}{8}$, es de esperar que el intervalo de un semitono corresponda a la mitad, sin embargo, no es así. El intervalo de un semitono corresponde a $\frac{256}{243}$.

¿Cómo se obtienen los intervalos de tercera, sexta y séptima? El intervalo de tercera mayor, 2T, $\frac{5}{4}$, se obtiene del inverso de la media armónica de 1 y $\frac{2}{3}$ El intervalo de sexta se obtiene de multiplicar el intervalo de tercera por el de quinta $\frac{9}{8} \times \frac{3}{2} = \frac{27}{16}$ y el de séptima se obtiene de multiplicar el de tercera por el de sexta $\frac{9}{8} \times \frac{27}{16} = \frac{243}{128}$.

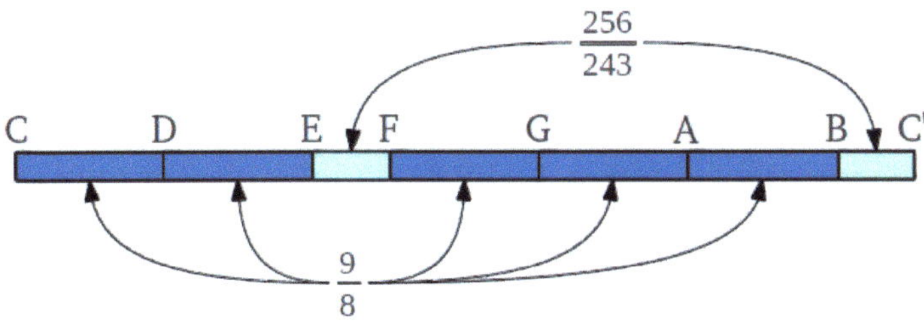

Figura 92: Resumen escala pitagórica. Es necesario bajar una octava cada dos quintas sucesivas.

nota	ratio	cents
tónica	1	0.00
segunda menor	$\frac{256}{243}$	90.22
segunda mayor	$\frac{9}{8}$	203.91
tercera menor	$\frac{32}{27}$	294.13
tercera mayor	$\frac{81}{64}$	407.82
cuarta perfecta	$\frac{4}{3}$	498.04
cuarta aumentada	$\frac{729}{512}$	611.73
quinta disminuida	$\frac{1024}{729}$	588.27
quinta perfecta	$\frac{3}{2}$	701.96
sexta menor	$\frac{128}{81}$	792.18
sexta mayor	$\frac{27}{16}$	905.87
séptima menor	$\frac{16}{9}$	996.09
séptima mayor	$\frac{243}{128}$	1109.78
octava	2	1200.00

Tabla 2: Intervalos de la escala pitagórica. A expensas de rebajar el semitono diatónico $\frac{256}{243} = 1{,}05$ la distancia física entre notas (grados) es la misma para cualquier escala. Todas las quintas están correctamente afinadas. $\mathtt{G} = \frac{3}{2}$; por lo que $\mathtt{D} = \mathtt{G}\,\frac{3}{2}\frac{1}{2}$ (esto último para retornar a la octava). $\mathtt{D} = \frac{3}{2}\frac{3}{2}\frac{1}{2} = \frac{9}{8}$. $\mathtt{A} = \mathtt{D}\,\frac{3}{2} = \frac{9}{8}\frac{3}{2} = \frac{27}{16}$ y así sucesivamente.

El cent se define tal que $\left(c^{100}\right)^{12} = 2$, por lo que $c = \sqrt[1200]{2}$. La medida en cents de cualquier intervalo p está definida por $c(p) = 1200 \log_2 p$.

La escala de *enonación justa* o de Gioseffo Zarlino usa las mismas distancias entre notas que la serie armónica. Por su excelente simetría y elegancia, este sistema tiene grandes inconvenientes. No todas las quintas de su escala son justas $\frac{5}{3} \times \frac{8}{9} \neq \frac{3}{2}$. En un instrumento de afinación fija no es posible aplicar esta escala[20] y en un instrumento de afinación variable resultaría engorroso porque las distancias entre notas que teóricamente serían las mismas, serían diferentes.

[20] Requeriría un ajuste de afinación según la escala.

Tabla 3: Intervalos de la escala de temperamento justo. En esta escala hay tonos de diferentes tamaños (tonos grandes y pequeños). La relación entre el tono grande y el pequeño se denomina *coma sintónico*, $\frac{9}{8} \times \frac{9}{10} = \frac{81}{80}$. La diferencia entre el semitono cromático y el diatónico en esta escala se denomina *díesis enarmónica*. Observe que la tercera mayor $\frac{5}{4} = \frac{80}{64}$ es un poco más pequeña que su equivalente pitagórica $\frac{81}{64}$.

nota	ratio	cents
tónica	1	0.00
segunda menor	$\frac{16}{15}$	11.73
segunda mayor	$\frac{10}{9}$	182.40
tercera menor	$\frac{6}{5}$	315.64
tercera mayor	$\frac{5}{4}$	386.31
cuarta perfecta	$\frac{4}{3}$	498.04
cuarta aumentada	$\frac{45}{32}$	590.22
quinta disminuida	$\frac{64}{45}$	609.78
quinta perfecta	$\frac{3}{2}$	701.96
sexta menor	$\frac{8}{5}$	813.69
sexta mayor	$\frac{5}{3}$	884.36
séptima menor	$\frac{9}{5}$	1017.60
séptima mayor	$\frac{15}{8}$	1088.27
octava	2	1200.00

El logaritmo convierte las multiplicaciones en sumas, tal que $\log a \times b = \log a + \log b$ y $\log \frac{b}{a} = \log b - \log a$. Si un intervalo $\frac{f_2}{f_1}$ se divide en *cents*, según: $1200 \log_2 \frac{f_2}{f_1}$, tal que una octava ocupa exactamente 1200 cents; es posible representarlo de tal manera que se comporte de forma aditiva y utilice números reales. El semitono pitagórico $\frac{256}{243}$ tendría 90,22 cents y el tono completo $\frac{9}{8}$, 203,91 cents; el semitono diatónico $\frac{16}{15}$, 111,73; la cuarta $\frac{4}{3}$, 498,04 y la quinta $\frac{3}{2}$, 701,96.

En el siglo XVIII fue posible este tipo de cálculo gracias al descubrimiento de la función logarítmica por John Neper durante el siglo XVI. Por ello a este logaritmo se le denomina neperiano.

En el siglo XVIII Johann Sebastian Bach, en su obra *El clave bien temperado* implementó ciertas modificaciones fundamentales que habían sido introducidas en la escala musical: la *escala temperada* compuesta por doce notas, separadas entre sí por un semitono. La frecuencia $f_{n+1} = f_n k$, donde $n = 0, 1, 2, \ldots$ De esta manera:

$$\begin{aligned} f_1 &= f_0 k \\ f_2 &= f_1 k = f_0 k^2 \\ f_3 &= f_2 k = f_0 k^3 \end{aligned}$$

tal que $f_m = f_0 k^m$, donde $m = 0, 1, 2, \ldots$ Si $k \cong 1{,}059$ y $f_0 = 260$; entonces $f_m = 260 \times (1{,}059)^m$. Si se quiere conocer el valor de la octava $m = 12$; $f_{\mathrm{C}} = 261 \times (1{,}059)^{12}$, tal que $\log f_{\mathrm{C}} = \log 261 + 12 \log 1{,}059$. $f_{\mathrm{C}} \approx 520$. El valor de $k \cong 1{,}059$ es obtenido de $2^{\frac{1}{12}} = 1{,}059463094$. La longitud de un semitono es exactamente $1200 \log_2 2^{\frac{1}{12}} = \frac{1200}{12} \log_2 2 = 100$ cents. La media geométrica de dos intervalos en la escala temperada es equivalente a la media aritmética de sus valores correspondientes en cents. Si se divide la octava en dos mitades (en cents) se obtiene el tritono, y si se vuelve a dividir por dos cada una de las dos mitades, se obtienen la tercera menor y la sexta mayor. A partir de aquí se necesita dividir cada nuevo intervalo en tres partes para obtener las ocho notas restantes, lo cual equivale a realizar la raíz cúbica en el dominio lineal.

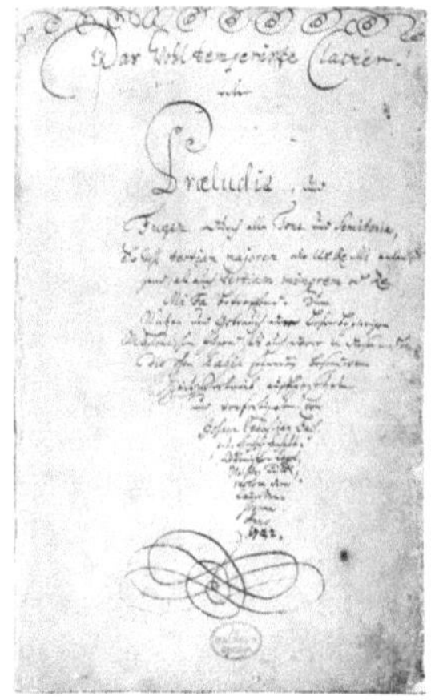

Figura 93: Carátula original de la copia manuscrita de Johann Sebastian Bach de *El clavecín bien temperado*. De la letra manuscrita de Bach se puede leer en alemán: «El "[instrumento de] teclado bien temperado", o preludios y fugas en todos los tonos y semitonos, ambos con la tercera mayor o *ut*, *re*, *mi* y con la tercera menor o *re*, *mi*, *fa*, están compuestos para la práctica y el provecho de los jóvenes músicos deseosos de aprender y para el entretenimiento de aquellos que ya conocen este arte».

Las octavas, que se perciben como notas similares perceptualmente, son físicamente no lineales: son más grandes según aumenta la frecuencia. La percepción de la *altura* de un sonido, sigue la ley de Weber-Fechner, que básicamente expresa que para que la respuesta sensorial a un estímulo se perciba de forma lineal, este debe aumentar de forma exponencial. Dicho de otra manera, si un estímulo crece en progresión geométrica, la percepción evoluciona en progresión aritmética.

La percepción del *volumen* de un sonido, sigue también la ley de Weber-Fechner.

Esta ley explica la falta de linealidad de percepción de la altura, la mayor causa de los desajustes que surgen al construir una escala. Tenga en cuenta que las escalas son artificiales, no existen en la naturaleza, a diferencia del fenómeno físico armónico.

Tabla 4: Intervalos de la escala temperada. Observe que la quinta, $\left(\sqrt[12]{2}\right)^5 = 1,3348$, está algo por encima de la cuarta perfecta $\frac{4}{3} = 1,3333$; lo que da lugar al comentario: "todos los intervalos sean igual de imperfectos" [Maor, 2018, p. 102]. Dicho de otra manera, esta escala distribuye por igual la coma pitagórica por en todas las notas de la escala.

nota	ratio	cents
tónica	1	0.00
segunda menor	$2^{\frac{1}{12}}$	100.00
segunda mayor	$2^{\frac{1}{6}}$	200.00
tercera menor	$2^{\frac{1}{4}}$	300.00
tercera mayor	$2^{\frac{1}{3}}$	400.00
cuarta perfecta	$2^{\frac{5}{12}}$	500.00
cuarta aumentada/ quinta disminuida	$\sqrt{2}$	600.00
quinta perfecta	$2^{\frac{7}{12}}$	700.00
sexta menor	$2^{\frac{2}{3}}$	800.00
sexta mayor	$2^{\frac{3}{4}}$	900.00
séptima menor	$2^{\frac{5}{6}}$	1000.00
séptima mayor	$2^{\frac{11}{12}}$	1100.00
octava	2	1200.00

La escala temperada, pese a su falta de elegancia (de proporciones naturales), soluciona este problema al dividir la octava en doce partes linealmente iguales (de igual temperamento). Cada división tiene una relación de frecuencia $\sqrt[12]{2}$. La raíz doceava de dos es aproximadamente 1,059.

Existen otros tipos de escala como la de Marsene, la de Holder (divide la octava en 53 comas y los reparte de manera desigual: 9 comas al tono, 5 al semitono diatónico y 4 al cromático), la de Werckmeister y Kirnberger; se trata en definitiva de seleccionar un conjunto de notas con determinada frecuencia fundamental y ordenarlas. La escala temperada, después de Bach, es la más popular.

Para afinar un instrumento se utiliza una nota patrón. A lo largo de los años se han utilizado varias referencias usando como base la nota LA central, al principio para adecuarla a la tecnología pero con el mismo objetivo: que varios instrumentos puedan dar las mismas notas; es decir, vibrar a las mismas frecuencias y no provocar disonancias innecesarias. Existe un largo repertorio en el rango $400 - 450$ (430, 54 Hz, por ejemplo, fue llamada afinación filosófica porque parte de un C $2^8 = 256$), etc., hasta que ya en pleno siglo XX, 1955, se estandarizó el A 440 por la ISO (International Standar Organization) y en 1975 se reafirmó como ISO 16.

Si se toma A 440 como patrón de referencia, se puede obtener el resto de las frecuencias de la escala temperada mediante la siguiente ecuación:

$$f(n) = 440\left(\sqrt[12]{2}\right)^n, \forall n = \ldots, -2, -1, 0, 1, 2, \ldots, \quad (8)$$

donde n indica la nota, por encima ($n > 0$) o por debajo ($n < 0$) de 440 hertzios. De manera general, es mucho más simple relacionar la frecuencia con el grado y la octava, tal que:

$$f(n,m) = 440e^{\left[(m-4)+\frac{(n-10)}{12}\right]\log 2}, \quad (9)$$

donde f es la frecuencia que se desea obtener, n es el valor asignado a cada nota de la escala cromática y m es el número de octava. e es la base del logaritmo natural o neperiano log. La Tabla 5 muestra todas las notas que abarcan los instrumentos musicales. La escala cromática de igual temperamento permite obtener un círculo (espiral) de notas totalmente simétrico; esto garantiza que una composición seguirá sonando afinada independientemente del tono base. Dicho de otra manera, es inmune a la transportación.

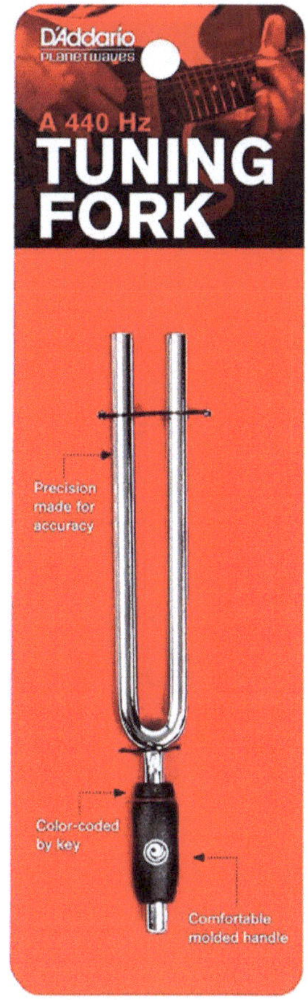

Figura 94: Diapasón de horquilla; afinación, 440 Hz. Fijado como tono de referencia en Londres desde 1939 por la Segunda Conferencia Internacional para el Diapasón. Genera, aproximadamente, un tono puro.

n	m	0	1	2	3	4	5	6	7	8
1	C		32,7	65,41	130,81	261,63	523,25	1046,50	2093,00	4186,01
2	C♯		34,65	69,30	138,59	277,18	554,37	1108,73	2217,46	4434,92
3	D		36,71	73,42	146,83	293,66	587,33	1174,66	2349,32	4698,64
4	D♯		38,89	77,78	155,56	311,13	622,25	1244,51	2489,02	4978,03
5	E		41,20	82,41	164,81	329,63	659,26	1318,51	2637,02	5274,04
6	F	21,826	43,65	87,31	174,61	349,23	698,46	1396,91	2793,83	5587,65
7	F♯	23,125	46,25	92,50	185,00	369,99	739,99	1479,98	2959,96	5919,91
8	G	24,50	49,00	98,00	196,00	392,00	783,99	1567,98	3135,96	6271,93
9	G♯	25,96	51,91	103,83	207,65	415,30	839,61	1661,22	3322,44	
10	A	27,50	55,00	110,00	220,00	440,00	880,00	1760,00	3520,00	
11	A♯	29,14	58,27	116,54	233,08	466,00	932,33	1864,66	3729,31	
12	B	30,87	61,74	123,47	246,94	493,88	987,77	1975,53	3951,07	

Tabla 5: Frecuencia en hertzios de las notas musicales en la escala temperada.

Según la *teoría de escalas bien formadas*, basada en la simetría y en el proceso de construcción de quintas, además del círculo de 5, 7 y 12 notas, se podrían obtener escalas simétricas de 17 y 53 notas; escalas que utilizaban chinos y árabes, respectivamente, en la antigüedad. También otras culturas han creado escalas no simétricas como la hindú de 22 *shrutis* o la escala de 5 *slendros*, de las islas Java y Bali.

El espectro es continuo, si el hombre lo ha dividido en 5, 7, 12, 17 o 53 notas, ha sido de manera arbitraria, aunque no ilógica. La música occidental usa la escala de igual temperamento de 12 notas basada en la física del sonido, en la serie armónica y, como se ha visto, parte del desarrollo de la escala en quintas, tal que $\left(\frac{3}{2}\right)^{12} \cong (2)^7$ $(129{,}7463 \neq 128)$. Dicho de otra manera, la evolución ha sido desde el sistema pentatónico, al heptáfono; por eso solo existen 5 nombres para nombrar las 12 notas y otras 5 notas que deben conformarse con un apellido: sostenido ♯ o bemol ♭.

Las escalas conforman la urdimbre tonal o frecuencial. Nada es posible fuera de esos "lugares" discretos, pero las notas deben encajar también en algún "lugar" del volumen y del tiempo. Observe que estos procesos de discretización son similares a los procesos de muestreo y cuantificación (páginas 14, 36), inherentes a la transcodificación.

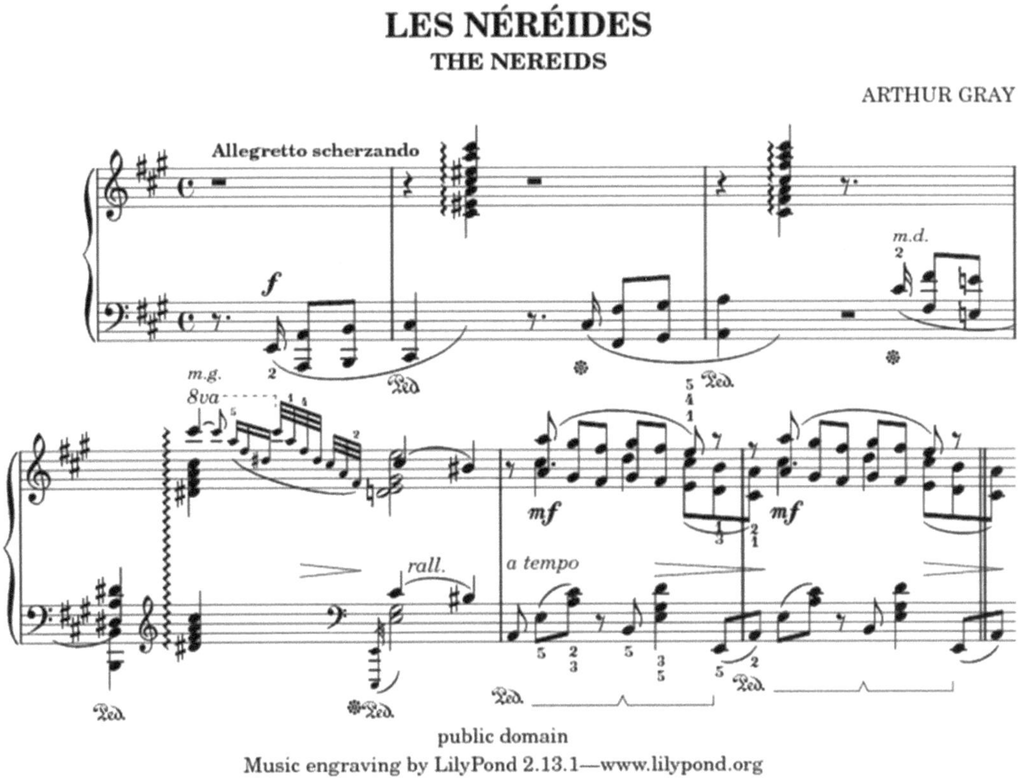

Figura 95: Fragmento de partitura de *Les néréides*, de Arthur Gray.

Se trata de establecer una escala discreta de valores para fenómenos que son, en esencia, continuos.

Tabla 6: Relaciones de dinámica.

acento	dinámica	dB
pianissimo (muy suave)	*pppp*	40
piano (suave)	*p*	50
mezzopiano (medio suave)	*mp*	60
mezzoforte (medio fuerte)	*mf*	70
forte (fuerte)	*f*	80
fortissimo (muy fuerte)	*ffff*	90 – 100

La *partitura* es un documento que indica cómo se debe interpretar una composición musical y sirve, por lo tanto, para identificar una obra. Es el lenguaje gráfico de la música. Es un sistema *no-ambiguo*, redundante, complejo y útil; en eterno compromiso entre la simplicidad y la sofisticación.

En el fragmento de partitura de la Figura 95 se puede apreciar que, a cada nota, le corresponde un valor de altura (determinado por la armadura de clave), de nivel (determinado por los acentos) y de posición-duración en el tiempo (determinado por la métrica). La producción de audio digital tiene la extraordinaria ventaja de poder manipular cada una de estas dimensiones con toda la precisión que se requiera; incluso para respetar estas convenciones.

La *dinámica* determina la urdimbre de volumen; es decir, establece las graduaciones de nivel del sonido en una escala más o menos imprecisa. Las indicaciones de dinámica van desde el sonido más débil (pianissimo, *pppp*), hasta el más fuerte (fortissimo, *ffff*). Este rango no abarca desde el umbral de audición hasta el umbral del dolor; esa no es la intención. La Tabla 6 refleja estas relaciones de dinámica de grados y volumen.

La percepción del nivel del sonido, como ya se ha dicho, es no lineal. El *acento* y la *transición* son también indicadores de dinámica. El primero se coloca sobre una nota en particular e indica la fuerza a la que debe ser ejecutada. Las transiciones (crescendo, decrescendo, etc.) hacen referencia a la variación de dinámica desde una nota hasta otra.

La *métrica*, basada en el *compás*, determina la urdimbre temporal sobre el que se teje la música y el *tempo*, la velocidad de ejecución. En la música todas las notas se distribuyen según determinado pulso (*beat*) o frecuencia, expresada en base a un minuto y subdivisiones del pulso. Las duraciones de las notas están escaladas según una *figura*, desde las de menor duración, hasta las de mayor duración y siguen una proporción con base binaria. Todas las duraciones son, por lo tanto, relativas, dependen de la figura y del tempo. Todas las figuras tienen su homólogo de silencio: ausencia de nota.

El pulso es el latido de la música.

nombre	valor	figura	silencio
redonda	1	𝅝	𝄻
blanca	$\frac{1}{2}$	𝅗𝅥	𝄼
negra	$\frac{1}{4}$	♩	𝄽
corchea	$\frac{1}{8}$	♪	𝄾
semicorchea	$\frac{1}{16}$	𝅘𝅥𝅯	𝄿
fusa	$\frac{1}{32}$	𝅘𝅥𝅰	𝅀
semifusa	$\frac{1}{64}$	𝅘𝅥𝅱	𝅁

Tabla 7: Relaciones elementales de duración. El puntillo alarga cualquier nota un tiempo equivalente a la figura anterior (por ejemplo, una negra con puntillo es equivalente a una negra más una corchea) y además existen agrupaciones irregulares que deben sonar en el tiempo en que deben sonar menos (por ejemplo, el tresillo: donde deberían sonar dos notas, suenan tres). Se suele utilizar la figura negra para establecer el tempo; ♩ = 120 BPM (Beats Per Minute), por ejemplo, significa que se debe marcar 120 negras en un minuto o, lo que es lo mismo, 2 negras por segundo.

El compás es "circular", en un sentido parecido a cómo lo es la escala. Cada compás es diferente pero, mientras no cambie el ritmo, la organización se repite una y otra vez. Esta está determinada por el *metro* y tiene forma de fracción. Por ejemplo, $\frac{4}{4}$, el metro más popular en la música, distribuye 4 figuras de valor $\frac{1}{4}$ (negra) en el compás. Los compases con un número par de figuras (2, 4 o 6, etc.) son simétricos o regulares. No todos los tiempos tienen la misma importancia. Existen tiempos "fuertes" y tiempos "débiles". Los compases con un número impar de figuras (3, 5, 7, 9, etc.) son asimétricos o irregulares. En este caso el número de tiempos fuertes y débiles no es igual; lo que produce cierta sensación de incompletitud e inestabilidad. Por ejemplo, $\frac{7}{4}$, puede ser una combinación $\frac{4+3}{4}$ o de $\frac{3+4}{4}$; pero, en cualquier caso, se perciben incompletos.

Los agrupamientos de pulsos grandes suelen ser considerados como integrados por agrupamientos pequeños. Por ejemplo, $5 = 3 + 2 = 2 + 3$.

Incluso $\frac{4}{4}$ puede dar cierta sensación asimétrica en dependencia de cómo se distribuyen las 16 semicorcheas; por ejemplo: $\frac{6+4+6}{16}$.

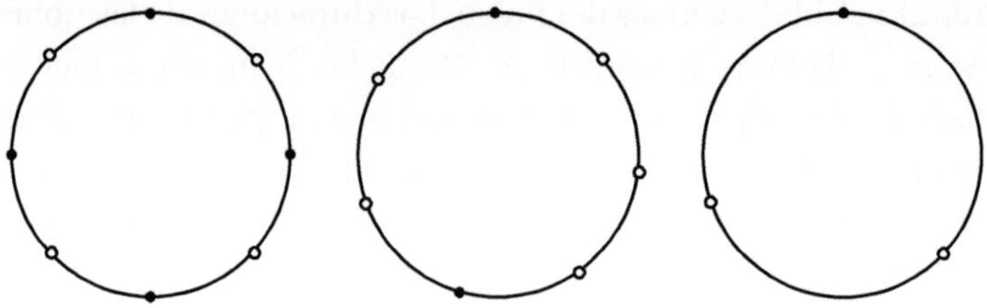

Figura 96: Ejemplos de metros: $\frac{4}{4}$, $\frac{7}{8}$ y proporción 33 : 38 : 28. El pulso se representa con puntos negros.

Stravinsky hizo al ritmo lo que Schoenberg a la tonalidad: destrozarlo. Los cambios de ritmo son continuos: $\frac{6}{8}$, $\frac{7}{8}$, $\frac{3}{4}$, $\frac{6}{8}$, $\frac{2}{4}$, $\frac{6}{8}$, $\frac{3}{4}$, $\frac{9}{8}$. Estos casos de "extrema" inestabilidad fueron pioneros en busca de nuevos caminos. Sin embargo, hoy día su uso, no provoca escándalo.

La música se construye con secuencias de sonidos y silencios. La ausencia de sonido en un tiempo fuerte, por ejemplo, es un recurso expresivo de gran valor. La *sincopa* y el *contratiempo* refuerzan el tiempo débil del compás; aunque la sincopa se alarga hasta el tiempo siguiente y el contratiempo cae sobre el tiempo débil y sustituye los tiempos fuertes por silencios. El tempo se puede acelerar (*accelerando*) o retrasar (*ritardando*) y el metro, como la tonalidad, también puede cambiar, lo que permite controlar la relación estable-inestable de la experiencia musical. En definitiva, se trata de crear unas expectativas y satisfacerlas en mayor o menos grado. En eso consiste la experiencia musical.

Las Figuras 97 y 98 muestran dos maneras de representar el ritmo: en notación poligonal y como una secuencia de pulso de sonidos y silencios que conforman un patrón de repetición [Toussaint, 2013, p. 27]. En cualquiera de los dos casos existen pulsos fuertes (marcados en negro) y débiles (marcados en blanco). La primera notación es una herramienta habitual de un generador de patrones rítmicos. La notación poligonal permite apreciar la regularidad-irregularidad del patrón según la forma del contorno que une los acentos en el círculo.

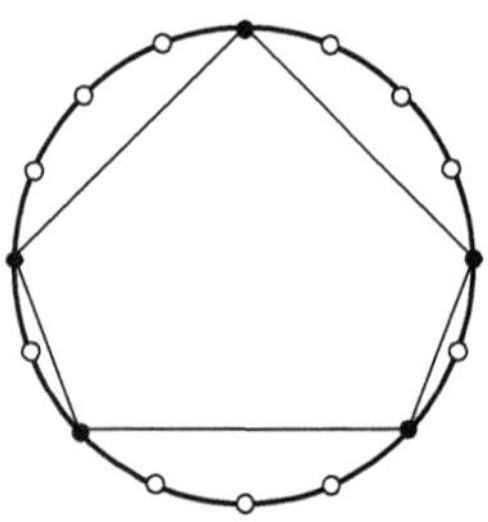

Figura 97: Ejemplos de ritmo *shiko* en notación poligonal. Observe que los ritmos binarios tienen un número par de acentos y los ternarios, impar.

Figura 98: Ejemplos de 16 pulsos. De arriba a abajo: *Shiko, Son, Rumba, Soukous, Gahu* y *Bossa-nova*.

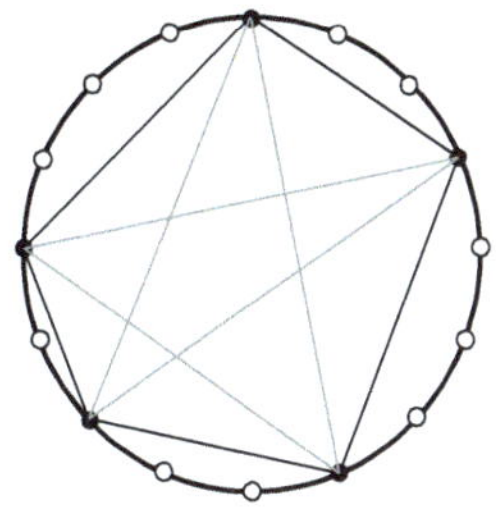

Figura 99: Ejemplos de ritmo *rumba* en notación poligonal. Existen tres estilos de rumba: el *fume-fume* de 12 pulsos, el *guaguancó* rápido y el *yambú* lento; estos dos últimos ritmos de 16 pulsos. La simetría del poliedro y la naturaleza de los ángulos interiores, sirve para la clasificación de los ritmos.

La representación poligonal del ritmo propuesta por Toussaint, es muy útil para comparar a simple vista la simetría y similitud de unos ritmos con otros. Existe también otro tipo de representación del ritmo basada en la *distancia geodésica*. Cada línea trazada entre dos acentos fuertes tiene una "distancia". En la Figura 98 el tiempo se recorre de izquierda a derecha una y otra vez, lo que equivale, en la Figura 99, por ejemplo, a recorrerla desde el punto superior en el sentido de las manecillas del reloj. Así entre el primer acento y el segundo hay una distancia de 3, entre el segundo y el tercero de 4, entre el tercero y el cuarto otra vez de 3, entre el cuarto y el quinto de 2 y, por último, entre el quinto y el primero, otra vez de 4. Sin embargo la distancia entre el segundo acento y el quinto es la menor entre las dos posibles (7 por la izquierda, y 9 por la derecha).

Figura 100: Desde el Ars Antiqua (siglo XI-XII) la música se fue abriendo camino lentamente hacia lo que Philippe de Vitry (1291-1361) bautizó con el nombre de *Ars Nova*.

Las líneas grises en la Figura 99 completan todos el contenido interválico de la clave del son. El contenido interválico de este patrón rítmico puede ser escrito como el *vector interválico*: $[0, 1, 2, 2, 0, 3, 2, 0]$ que corresponde a la frecuencia de cada intervalo; es decir 0 de 1, 1 de 2, 2 de 3, 2 de 4, 0 de 5, 3 de 6, 2 de 7 y 0 de 8. Esta es otra herramienta de gran utilidad para el análisis de ritmos.

Los *acordes* son combinaciones de notas más o menos consonantes. Si las escalas son longitudinales o secuenciales, los acordes son transversales o simultáneos. La *armonía* es la teoría de formación de acordes.

A#	C	D	E	F#	G#	A#	C	D	E	F#	G#	A#	C	D	E	F#	G#	A#	C	D	E	F#	G#	A#
A	B	C#	D#	F	G	A	B	C#	D#	F	G	A	B	C#	D#	F	G	A	B	C#	D#	F	G	A
G#	A#	C	D	E	F#	G#	A#	C	D	E	F#	G#	A#	C	D	E	F#	G#	A#	C	D	E	F#	G#
G	A	B	C#	D#	F	G	A	B	C#	D#	F	G	A	B	C#	D#	F	G	A	B	C#	D#	F	G
F#	G#	A#	C	D	E	F#	G#	A#	C	D	E	F#	G#	A#	C	D	E	F#	G#	A#	C	D	E	F#
F	G	A	B	C#	D#	F	G	A	B	C#	D#	F	G	A	B	C#	D#	F	G	A	B	C#	D#	F
E	F#	G#	A#	C	D	E	F#	G#	A#	C	D	E	F#	G#	A#	C	D	E	F#	G#	A#	C	D	E
D#	F	G	A	B	C#	D#	F	G	A	B	C#	D#	F	G	A	B	C#	D#	F	G	A	B	C#	D#
D	E	F#	G#	A#	C	D	E	F#	G#	A#	C	D	E	F#	G#	A#	C	D	E	F#	G#	A#	C	D
C#	D#	F	G	A	B	C#	D#	F	G	A	B	C#	D#	F	G	A	B	C#	D#	F	G	A	B	C#
C	D	E	F#	G#	A#	C	D	E	F#	G#	A#	C	D	E	F#	G#	A#	C	D	E	F#	G#	A#	C
B	C#	D#	F	G	A	B	C#	D#	F	G	A	B	C#	D#	F	G	A	B	C#	D#	F	G	A	B
A#	C	D	E	F#	G#	A#	C	D	E	F#	G#	A#	C	D	E	F#	G#	A#	C	D	E	F#	G#	A#
A	B	C#	D#	F	G	A	B	C#	D#	F	G	A	B	C#	D#	F	G	A	B	C#	D#	F	G	A

Figura 101: Distribución de notas del harpejji. Como en el piano, las notas enarmónicas son de color negro, mientras que las diatónicas son de color blanco; aunque, por su colocación, conforman un extraño patrón.

La superficie de ejecución del harpejji tiene la distribución de un teclado isomórfico (los acordes y las escalas en una clave tienen idéntica forma geométrica) con 24 cuerdas organizadas según muestra la Figura 101. La distancia entre dos cuerdas contiguas es de un tono. Cada acorde aquí, sea del tipo que sea, está representado por una misma geometría, patrón o forma que se reparte por todo el tablero, cambiando de tonalidad. Observe que las notas del piano corresponden a una solo columna mucho más larga. Esta configuración en el plano (bidimensional) es mucho más redundante pero, a cambio, ofrece mayor versatilidad para formar acordes. Esta distribución no es la única posible, por supuesto.

La Figura 102 muestra otro tipo de disposición, también altamente redundante, pero con una predisposición a la formación de escalas y acordes completamente diferente.

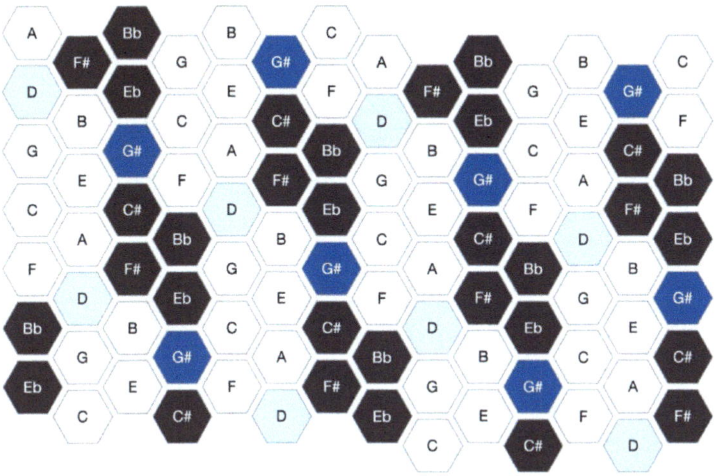

Figura 102: Distribución de notas del controlador musical de tabla armónica CThru Music Axis49.

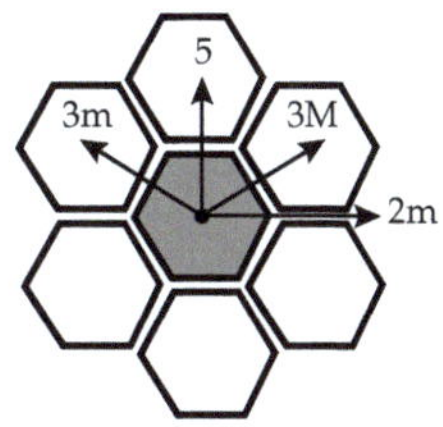

Figura 103: Formación de intervalos según dirección (3m, tercera menor y 3M, tercera mayor).

En este teclado todo queda cerca. Observe que, desde cualquier nota de referencia, se forman los siguiente intervalos: quinta perfecta (N), tercera mayor (NE), sexta mayor (SE), cuarta perfecta (S), quinta aumentada (SO), tercera menor (NO); siendo N, S, E y O: norte, sur, este y oeste, respectivamente. La mayoría de los fabricantes de instrumentos, pese a su diversidad tecnológica, intentan disponer los mecanismos de manera tal que facilite la aplicación de determinado intervalo o, en el caso de los instrumentos polifónicos, acordes. Pero no de cualquier manera, sino siguiendo patrones geométricos que, estén donde estén, produzcan el mismo intervalo o acorde.

Una de las herramientas más utilizadas para comprender y aplicar la armonía es el círculo de doce notas y el círculo de quintas. Un acorde está formado por tres o más notas y se clasifica según los intervalos que lo forman (Vea la Tabla 1).

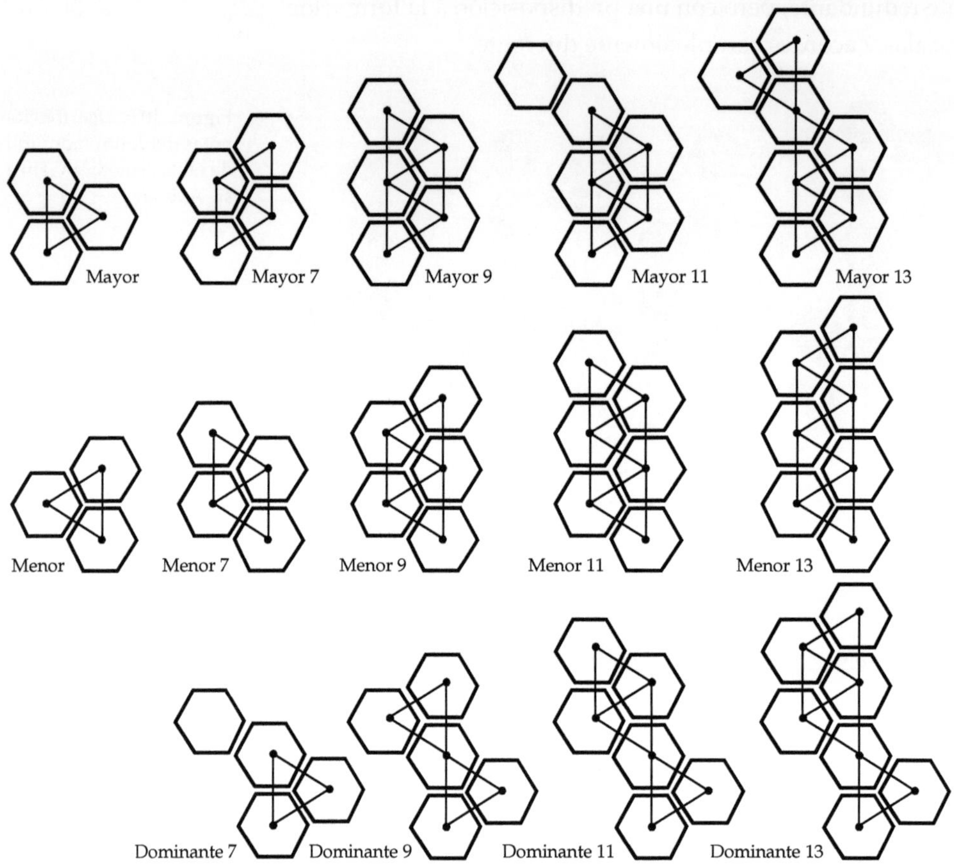

Figura 104: Formas de algunos acordes en la tabla armónica CThru Music Axis49.

La formación de un acorde parte, habitualmente, de una nota base y, a continuación, se define su tercera y su quinta. A este acorde se le denomina: fundamental. Es importante señalar que estas tres notas pueden estar en cualquier orden y en cualquier octava. El acorde seguirá siendo el mismo.

Cuando las notas no se suceden en orden creciente de tono, se denominan inversiones (tercera, quinta, base: primera inversión; quinta, base, tercera: segunda inversión).

El tipo de acorde que se forma depende del tipo de intervalo de tercera y de quinta. Si la quinta es justa, el acorde depende de la tercera. Si la tercera es mayor, el acorde es mayor. Si la tercera es menor, el acorde es menor. Si la quinta es disminuida y la tercera es menor, el acorde es disminuido. Si la quinta es aumentada y la tercera es mayor, el acorde es aumentado. Si a estas tres notas se añade una cuarta nota, séptima, por ejemplo, el nombre del acorde depende de si la séptima es mayor, menor o disminuida. El acorde mayor con séptima menor se denomina "de dominante", por la tensión que genera. Los acordes, según la combinación tienen diferente textura más o menos tensa, más o menos relajada.

Todo esto es muy subjetivo, aunque no infrecuente, en la armonía. Se suele aceptar que un acorde mayor es "alegre" y que un acorde menor es "triste". El acorde mayor con séptima mayor suena "cristalino". El acorde disminuido con séptima disminuida suena muy "tenso". El acorde menor con séptima menor suena muy "cálido". Esto no es una ley, sino más bien un lugar común.

El *círculo de doce notas* es muy útil para construir y analizar acordes según su forma geométrica. La Figura 106 muestra siete ejemplos tomando como base la nota DO (C). Para formar el mismo tipo de acorde en otra nota base, raíz o fundamental, basta con rotar la figura los grados correspondientes hasta llegar a la nueva nota base. En la fila superior, de izquierda a derecha, se muestran ejemplos básicos de acordes formados por tres notas: mayor [M3, P5], menor [m3, P5], disminuido [m3, d5], aumentado [M3, a5]. En la fila inferior, también de izquierda a derecha, se muestran algunos ejemplos de acordes de séptima formados por cuatro notas: dominante [M3, P5, m7], mayor [M3, P5, M7], menor [m3, P5, m7], disminuido [m3, d5, M6] y semidisminuido [m3, d5, m7].

El *círculo de quintas* de la Figura 105 proporciona una información similar al círculo de octavas, aunque su ordenación aporta algunas herramientas más propicias para el entendimiento de acordes y escalas. Aquí cada figura hace referencia a una nota o a un acorde; lo que permite tratar relaciones entre notas (escalas) y relaciones entre acordes (tonalidades).

Figura 105: Círculo de quintas. Arriba: Propuesta de Nikolay Diletsky en *Idea grammatiki musikiyskoy*, 1679.

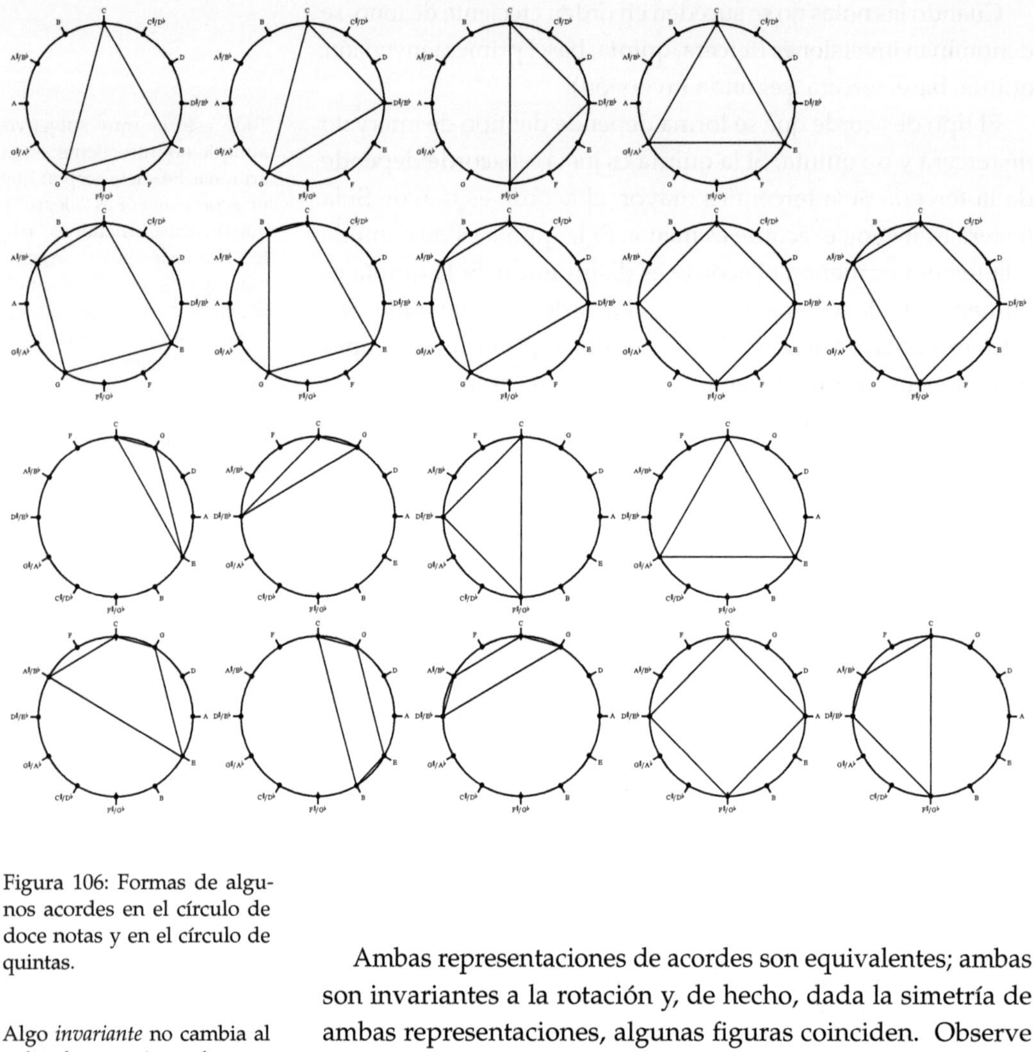

Figura 106: Formas de algunos acordes en el círculo de doce notas y en el círculo de quintas.

Algo *invariante* no cambia al aplicarle un conjunto de transformaciones. En matemáticas, un objeto es invariante, respecto de o bajo una transformación, si permanece inalterado tras la acción de tal transformación.

Ambas representaciones de acordes son equivalentes; ambas son invariantes a la rotación y, de hecho, dada la simetría de ambas representaciones, algunas figuras coinciden. Observe que, en el círculo de quintas, la cualidad mayor-menor tiene la misma forma; solo se diferencian según su orientación y esto es válido también para el acorde de séptima dominante y semidisminuido. La representación geométrica de los acordes en el círculo de quintas tiene propiedades más "deseables".

Se podría decir que los acordes corresponden a un subconjunto de notas de una tonalidad. Las notas de las melodías deben contener esas notas y también algunas otras de la tonalidad. Una *tonalidad* no es más que un conjunto de notas "permitidas", no prohibidas, que guardan cierta relación, grado en la escala, jerarquía o función. En la tonalidad cromática, por ejemplo, todas las notas tienen la misma importancia. Existen siete grados: tónica (`I`) o centro de la tonalidad, supertónica (`II`), mediante (`II`), subdominante (`IV`), dominante (`V`), submediante o súperdominante (`VI`) y sensible (`VII`). Los grados dominante-subdominante y mediante-submediante están a la misma distancia por arriba-abajo de la tónica; de ahí sus nombres. Se podría decir que cada grado dentro de la escala tiene cierta energía direccional (*leading*) o tendencia hacia otro grado[21]. Es lo que provoca el contraste tensión-relajación.

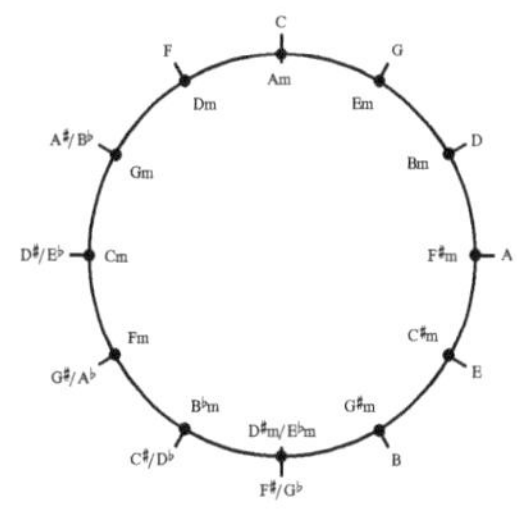

Figura 107: Tonalidades en el círculo de quintas. Las tonalidades pueden ser mayores o menores, representadas en el anillo exterior o interior, respectivamente. El número de sostenidos crece por la derecha desde `C` hasta `F♯`/ `G♭` y el número de bemoles crece por la izquierda desde `C` hasta `F♯`/ `G`; es decir, las tonalidades `F♯`/ `G♭` tienen el mayor número de sostenidos y bemoles, respectivamente, igual a 6.

[21] Por ejemplo, el grado sensible sugiere subir a la tónica.

Para saber todos los acordes de una tonalidad, gracias al círculo de quintas, no es necesario calcular cada uno de los acordes tríadas de la escala; basta mirar a los grados adyacentes. Por ejemplo, la tonalidad `G` mayor tiene los acordes `C` mayor (izquierda), `D` mayor (derecha), `A` menor (abajo a la izquierda), `E` menor (debajo), `B` menor (debajo a la derecha) y el último acorde `F♯5dis` (no es `F` menor) está justo a continuación de `B` menor, debajo de `A` mayor.

Si las melodías y armonías encajan en esta urdimbre tonal, determinada por escala y tonalidad, todo sonará coherente, bien, estable. Si en la melodía o los acordes aparece una nota fuera de la tonalidad llamará la atención, sonará inesperada, extraña, inestable. Lo mismo ocurre con el tiempo. Ambas, notas melódicas o acordes armónicos, deben encajar en la urdimbre del ritmo; justo "ahí", donde se les espera, en la "posición" de algún pulso o subdivisión de pulso. Es en la manipulación de las notas respecto a estas rejillas o dimensiones donde reside la magia de la expresividad.

Con la síntesis digital puede crear los intervalos y acordes que desee, sin ninguna restricción, puede tratar incluso con frecuencia y no con notas, puede colocarlas exactamente donde desee; pero debe tener en cuenta que si tal colación temporal es precisa no sonará "natural", orgánica, sino robótica y geométrica.

De la misma manera que los efectos transforman al sonido, los procesos geométrico-musicales transforman los objetos sonoros. Se podría decir que la creación musical se basa en procesos simples: *copia, transformación, combinación, error*. Según Daniel Levitin, creamos simplemente porque no podemos dejar de hacerlo [Levitin, 2014, p. 31]; la evolución ha programado nuestro cerebro para ello. Las canciones permiten a sus creadores representar un objeto ausente, experimentar con distintas interpretaciones y, por lo tanto, tener poder sobre él [Levitin, 2014, p. 52]. Lejos de lo que se cree, la creatividad (que la mayoría de las veces se asocia a un don o a una especie de genio), tiene más relación con la selección de determinados objetos y con sus relaciones y conexiones, que con la inspiración divina porque, en definitiva, nada surge de la nada.

No hay que olvidar que "música es todo lo que se repite", porque la música se desarrolla en un juego en el que la memoria genera expectativas que deben ser satisfechas en mayor o menor grado. La *repetición* es copia, aunque la *variación* es transformación y también error (una copia con algún cambio involuntario). Bach es un maestro de la repetición. Las transformaciones isométricas son variaciones que respetan las distancias. Existen tres tipos: *traslación*, *reflexión* y *rotación* y pueden ser aplicadas en cualquier de las tres dimensiones: tiempo (ritmo), frecuencia (escalas, acordes), nivel (dinámica). La traslación permite crear repeticiones y también, con variaciones, tejidos complejos armónicos y rítmicos. La reflexión permite recrear simetrías melódicas y retrogradaciones (una especie de rotación en altura de 180 grados). La *escala* (aquí la palabra es usada en otra de sus acepciones) es un tipo de transformación no isométrica que aumenta o disminuye determinada dimensión del objeto musical. La combinación es contraste; aporta cohesión y sorpresa y gobierna la atención. La composición musical es un delicado equilibrio entre orden y desorden.

La repetición insistente de cualquier elemento musical se denomina «ostinato». Los *riffs*, melodías rítmicas breves, son otro ejemplo de repetición.

Dos acordes, que comparten el mismo conjunto de clase de altura, están relacionados entre sí por una de cinco operaciones de simetría: *octava* (movimiento de cualquier nota en una octava), *permutación* (reordenación de las notas), *transposición* (mueve todas las notas en la misma dirección y cantidad), *inversión* (invierte las notas; geométricamente corresponde a una reflexión), *cambio de cardinalidad* (duplica una de las notas).

El orden y el desorden son dos estados de lo mismo, dos caras de una única moneda. Ser creativo no es solo romper con la tradición, el orden y la convención, sino buscar el equilibrio perfecto entre ambos estados; entre lo nuevo y lo viejo, entre lo conocido y lo desconocido; entre lo esperado y lo inesperado.

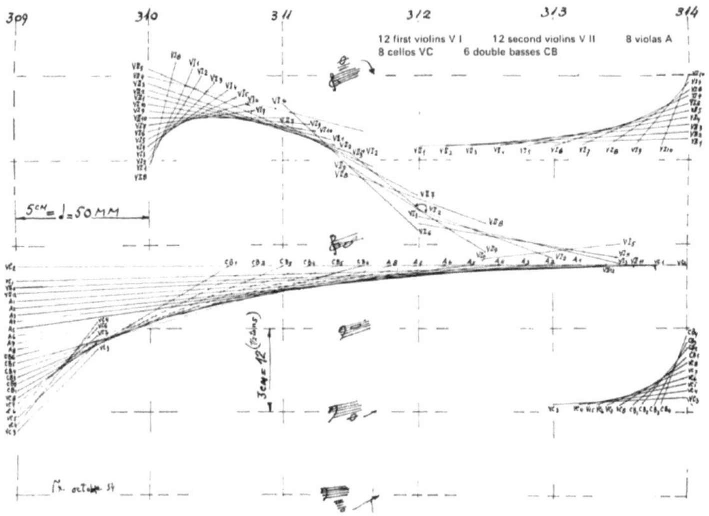

Figura 108: Página de la partitura de Metastasis, de Iannis Xenakis. La música estructurada de Xenakis, aparece ante el oyente en forma de *nubes sonoras* que evolucionan en el tiempo.

En el orden-estabilidad-regularidad, los objetos se ajustan a la urdimbre de los ejes estructurales; son previsibles, esperados, provocan calma (seguridad), es lo conocido. En el desorden-inestabilidad-irregularidad, los objetos no se ajustan (al menos a la perfección) a los ejes estructurales; son imprevisibles, inesperados, provocan sorpresa, tensión (inseguridad), es lo desconocido. Según el psicólogo Daniel Kahneman: "La sorpresa activa y orienta nuestra atención: miramos fijamente y buscamos en nuestra memoria una historia que dé sentido al acontecimiento que nos causa sorpresa" [kah, 2013, p. 40]. La mayoría de las personas tiene una respuesta a la pregunta: ¿te gusta?; sin embargo, no a la pregunta ¿es bueno?, ¿cuánto de bueno?

Lo conocido aporta seguridad; corresponde a la llamada *zona de confort*: rutina, hábito, lo establecido, lo conocido, lo consensuado. Lo desconocido es inseguro; corresponde a lo que está fuera de la zona de confort, en la *zona de aprendizaje*: observación, experimentación, comparación, aprendizaje, lo desconocido. Más allá de la zona de aprendizaje está la *zona de pánico* o la *zona de no experiencia*; un límite a veces infranqueable que puede llegar a convertirse en la *zona mágica*; la del descubrimiento.

El placer estético está constreñido a los límites del sistema perceptual auditivo: *tiempo* (el presente perceptual dura alrededor de 3 segundos mientras que la memoria a corto plazo se extiende hasta los 10-15 seg o alrededor de los 30-36 eventos), *motricidad* (con una mano es posible golpear no más de 10 eventos por segundo, la celeridad rítmica está por debajo de 16 Hz), *tesitura* (rango audible 20-20kHz; las frecuencias fundamentales para la melodía están en el rango de 25-5kHz), *altura* (la diferencia consecutiva de tonos 6-10 cents (24 parte de tono) depende del contexto), *volumen* (1 dB,depende del contexto), *enmascaramiento* (en dependencia de la relación de energía, unas frecuencias pueden enmascarar otras –banda crítica–; las curvas de enmascaramiento son asimétricas: en bajas frecuencias el enmascaramiento es menor), *timbre* (envolvente, ataque, variación del contenido espectral: ambos parciales y ruido), *disonancia* (interferencias dentro de una banda crítica, batimentos), *segmentación* (cambios simultáneos en contenido en frecuencia, frecuencia fundamental, reconocimiento de formas de eventos representativos).

¿Es posible cuantificar el placer estético? ¿Es posible medir cuán bien construido está el edificio musical a partir de todos sus ladrillos? ¿Es posible justificarlo objetivamente, de manera cuantitativa?

La música occidental según Dmitri Tymoczko se basa en cinco rasgos fundamentales:

Movimiento melódico conjunto Las melodías fluyen a través movimientos interválicos pequeños y no en grandes saltos.

Consonancia acústica Las armonías consonantes son estables y preferidas a las disonantes.

Consistencia armónica Las armonías en cualquier pasaje de la música tienden a ser estructuralmente similares a otras.

Macroarmonía limitada La colección total de notas en un tiempo musical moderado es pequeña: de cinco a ocho notas.

Centricidad En un tiempo musical moderado una nota prevalece por encima de las otras; tiene mayor frecuencia y sirve al flujo musical.

Dicho de otra manera, estos rasgos cualifican lo que es más preciado en el gusto musical occidental: no gustan las notas muy separadas, ni las armonías disonantes y dispares, ni el exceso de notas por segundo, ni la democracia musical. Nadie tendría dudas al contestar la pregunta ¿te gusta?

George Birkhoff fue un matemático que sí creyó posible cuantificar el placer estético y lo publicó a principios de la década de 1930 en *A Mathematical Theory of Aesthetics* (Una teoría matemática de la estética) y *Aesthetic Measure* (Medida estética). Birkhoff definió la *medida estética* (M) según dos factores: el *orden estético* (O) y la *complejidad* (C):

$$M = \frac{O}{C}. \tag{10}$$

El orden estético está dado por la regularidad de los elementos que conforman el objeto de estudio mientras que la complejidad mide la mayor o menor presencia de tales elementos en algunas de las dimensiones: melodía, armonía, ritmo. Según esta ecuación la belleza es mayor si la complejidad es menor. Lo simple es más bello. Menos es más. ¿Está de acuerdo?

Epílogo

Este libro es un intento de explicar qué es el audio digital desde varios puntos de vista: físico, lógico y musical y, además, con el doble propósito de hacerlo de manera divulgativa (que se entienda) y de manera práctica (que sirva para algo); sin pérdida de rigor. Demasiados retos y ambiciones, pero aquí está. No es un manual, ni un libro técnico, ni un libro de teoría musical. Es solo una introducción o aproximación al audio digital que quizá responda a alguna de sus dudas, justifique alguno de sus razonamientos, alimente su curiosidad o atraiga su atención hacia este maravilloso mundo donde las matemáticas se convierten en sonido, y viceversa.

Bibliografía

Pensar rápido, pensar despacio. Debate, 2013.

Nick Collins. *Introduction to Computer Music.* Wiley, 2010.

Pablo Fernández-Cid and Javier Casajús-Quirós. Publication preview distortion of musical signals by means of multiband waveshaping. *Journal of New Music Research*, Agosto 2010.

(Kenneth Sylvan) Guthrie. *The Pythagorean Source Book and Library*. Phanes Press, 1991.

ITU. Recomendación uit-r v.574-5. Technical report, Unión Internacional de Telecomunicaciones, 2015.

Ibon Larruzea. El sonido del vinilo: ¿postureo o realidad?, Marzo 2016. URL `https://www.hispasonic.com/reportajes/sonido-vinilo-postureo-realidad/41746`.

Alexander Lerch. *An Introduction to Audio Content Analysis. Applications in Signal Processing and Music Informatics.* Wiley, 2012.

Daniel J. Levitin. *El cerebro musical. seis canciones que explican la evolución humana.* RBA, 2014.

Eli Maor. *La música y los números. De Pitágoras a Schoenberg.* Turner Noema, 2018.

Wduardo Reck Miranda. *Computer Sound Design. Synthesis Techniques and Programming*. Focal Press, segunda edition, 2002.

Xavier Serra and Julius O. Smith. Spectral modeling synthesis. *Proceedings of International Computer Music Conference*, 1989.

MIR team. The hit equation, Diciembre 2011. URL `http://www.scoreahit.com/TheHitEquation`.

Godfried T. Toussaint. *The Geometry of Musical Rhythm. What Makes a "Good" Rhythm Good?* CRC Press, 2013.

Índice alfabético